U0679309

职业教育课程改革创新教材

互联网+

传感器基础及应用

主　编　唐峥嵘　李登科

副主编　方　瑜　殷　菌　张立超

参　编　王　丹　李永佳　毛国勇　王　东

　　　　刘　兵　艾　建　吴蓓蓓　唐仕明

主　审　石　波

科 学 出 版 社

北　京

内 容 简 介

本书由校企"双元"联合开发,以就业为导向,以能力为本位,基于专业工作领域模块化、工作任务项目化、职业能力具体化的课程理念进行编写。

本书包括 1 个课程准备、6 个工作领域,共 14 个工作任务。课程准备介绍了传感器及测量的基础知识与应用。工作领域 1~工作领域 6,围绕压力、温度、位移、环境量、位置及速度的检测,以典型工作任务为驱动,详细讲解热电偶、热敏电阻,以及电阻应变式、压电式、超声波、电涡流式、湿度、气敏、电容式、霍尔式、光电式等传感器的结构、类型、工作原理、测量电路和应用。本书在编写中,注重对接 1+X 证书标准,体现"书证"融通,强调思政融合及信息化资源配套,便于落实课程思政和实施信息化教学。

本书可作为职业院校机电设备类、自动化类、电子信息类专业的教材,也可作为成人教育、自学考试和职业培训的教材,以及智能制造产业领域相关从业人员的参考用书。

图书在版编目(CIP)数据

传感器基础及应用/唐峥嵘,李登科主编. —北京:科学出版社,2024.2
ISBN 978-7-03-076610-6

Ⅰ. ①传… Ⅱ. ①唐… ②李… Ⅲ. ①传感器 Ⅳ. ①TP212

中国国家版本馆 CIP 数据核字(2023)第 193143 号

责任编辑:张振华 / 责任校对:赵丽杰
责任印制:吕春珉 / 封面设计:东方人华平面设计部

科学出版社出版

北京东黄城根北街 16 号
邮政编码:100717
http://www.sciencep.com

三河市骏杰印刷有限公司印刷

科学出版社发行 各地新华书店经销

*

2024 年 2 月第 一 版 开本:787×1092 1/16
2024 年 2 月第一次印刷 印张:11
字数:256 000

定价:49.00 元
(如有印装质量问题,我社负责调换)

销售部电话 010-62136230 编辑部电话 010-62135397-2039

前　言

随着国家对职业教育的重视和投入的不断增加，我国职业教育得到了快速发展，为社会输送了大批工作在一线的技术技能人才。但应该看到，智能制造领域的从业人才的数量和质量都远远落后于产业快速发展的需求。随着企业间竞争的日趋残酷和白热化，现代企业对具有良好的职业道德、必要的文化知识、熟练的职业技能等综合职业能力的高素质劳动者和技能型人才的需求越来越广泛。这些急需职业院校创新教育理念，改革教学模式，优化专业教材，尽快培养出真正适合产业需求的高素质劳动者和技能型人才。

当前，智能传感器技术发展日新月异，新理论、新工艺不断出现。为了适应产业发展和教学改革的需要，编者根据《职业院校教材管理办法》《高等学校课程思政建设指导纲要》《"十四五"职业教育规划教材建设实施方案》等相关文件精神，在行业、企业专家和课程开发专家的精心指导下编写了本书。本书编写紧紧围绕相关企业的职业工作需要和当前教学改革趋势，以落实立德树人为根本任务，以学生综合职业能力培养为中心，以"科学、实用、新颖"为编写原则。

相比以往同类教材，本书具有许多特点和亮点，主要体现在以下几个方面。

1. 校企"双元"联合开发，编写理念新颖

本书由校企"双元"联合开发。编者均来自教学或企业一线，具有多年的教学或实践经验，编者大多为全国职业院校技能大赛金、银、铜牌教练。在编写本书的过程中，编者紧扣该专业的培养目标，借鉴技能大赛所提出的能力要求，把技能大赛过程中所体现的规范、高效等理念贯穿其中，符合当前企业对人才综合素质的要求。

本书基于专业工作领域模块化、工作任务项目化、职业能力具体化的职业教育课程改革理念进行编写，力求符合面向工作领域、以典型工作任务为驱动的教学模式。

2. 体现以人为本，强调实践能力培养

本书切实从职业院校学生的实际出发，摒弃了以往传感器相关教材中过多的理论描述，在知识讲解上"削枝强干"，力求理论联系实际，从实用、专业的角度剖析各个知识点，以浅显易懂的语言和丰富的图示来进行说明，内容设计注重学生应用能力和实践能力的培养。

本书以练代讲，练中学，学中悟，学生跟随工作任务完成理论学习和任务实施就可以掌握相关知识、技能及素养。这种教学方式不仅可以大幅度提高学生的学习效率，还可以很好地激发学生的学习兴趣和创新思维。

3. 与实际工作岗位对接，实用性、操作性强

本书以传感器常见应用领域、典型工作任务组织教学内容，内容上体现新技术、新工艺、新规范，反映典型岗位所需要的职业能力，具有很强的实用性。

全书共 1 个课程准备、6 个工作领域，通过 14 个工作任务，详细介绍了热电偶、热敏电阻，以及电阻应变式、压电式、超声波、电涡流式、湿度、气敏、电容式、霍尔式、光电式等传感器的结构、类型、工作原理，以及在压力、温度、位移、环境量、位置、速度检测等工作领域的典型应用。工作任务以"核心概念""学习目标""知识准备""任务实施""知识拓展""学习小结""直击工考"等模块展开，层层递进，环环相扣，具有很强的针对性和可操作性。其中，"直击工考"模块设计了数量适当、难度适宜的习题供学生使用，以便加深理解、巩固知识和技能。

4. 体现"书证"融通，注重思政融合

在编写过程中，注重对接与 1+X 职业技能等级证书和国家职业技能标准，体现"书证"融通。同时，为落实立德树人的根本任务，充分发挥教材承载的思政教育功能，本书凝练工作任务中的思政要素，融入精益化生产管理理念，将安全质量意识、职业素养、工匠精神的培养与教学内容相结合，使学生在学习专业知识的同时，在潜移默化中掌握各个思政教育映射点所要传授的内容。

5. 配套立体化资源，便于信息化教学实施

本书配有立体化的教学资源包（下载地址：www.abook.cn），包括多课程标准、媒体课件、练习题、参考答案等，适宜信息化教学。

此外，本书中穿插有丰富的二维码资源链接，读者通过扫描可以观看相关的微课视频，便于随时随地移动学习。

本书由唐峥嵘、李登科担任主编，由方瑜、殷菌、张立超担任副主编，由石波担任主审。具体分工如下：课程准备由唐峥嵘、王东编写，工作领域 1 由唐峥嵘、张立超编写，工作领域 2 由王丹、唐仕明编写，工作领域 3 由李登科、吴蓓蓓编写，工作领域 4 由方瑜、殷菌编写，工作领域 5 由刘兵、毛国勇编写，工作领域 6 由李永佳、艾建编写。全书由唐峥嵘负责框架设计，由唐峥嵘和李登科负责统稿工作。

在编写过程中，编者得到了重庆市渝北职业教育中心赵争召研究员的指导，同时还参考了同行专家的著作、文献和相关网络资源，在此一并真诚致谢。

限于编者的学识水平和实践经验，书中不妥之处在所难免，敬请广大读者批评指正。

编　者

2023 年 6 月

目　录

工作领域 6　速度的检测 ……………………………………………………… 131

传感器基础

【内容导读】

人有五大感觉器官，即眼睛、耳朵、鼻子、舌头和皮肤。正是通过这五大感觉器官，人们才能感受外界的刺激并获取信息。传感器就像人类探知自然界的触角，其功能类似于人的感觉器官。

传感器技术广泛应用于各个行业和领域，如家用电器、工业生产、国防科技、现代医学、现代农业、环境保护、生物工程等。在这些领域中，传感器发挥着不可替代的作用。随着自动检测和控制系统的自动化程度越来越高，系统对传感器的依赖也越来越强。

【学习目标】

知识目标

1. 理解传感器的概念与基本特性。
2. 了解传感器的组成、类型及应用。
3. 理解测量误差产生的原因及其表示方法。

能力目标

1. 能识别实训室和生活中使用的部分传感器。
2. 能进行简单的测量和数据分析。
3. 能确定检测系统的准确度等级。

思政目标

1. 坚定技能报国、民族复兴的信念，立志成长为行业拔尖人才。
2. 树立正确的学习观，培养职业认同感、责任感和荣誉感。

工作任务 0.1

初识传感器

【核心概念】

传感器：一种检测器件或装置，能感知被测量的信息，并将其按一定规律转换成可供测量的信号，以便后续电路对信号进行传输、处理、存储、显示、记录和控制。

【学习目标】

1. 了解传感器的组成、类型及应用。
2. 理解传感器的基本特性。
3. 能识别常用的传感器。

目前，传感器已广泛应用于各个领域，几乎每个自动化项目都离不开它们。各种类型的传感器大量用于电子设备、机械装置上。在日常生活中，我们也频繁接触和使用各种传感器。

参观学校相关专业的实训室，观察日常生活中的应用，看一看哪些元件属于传感器，找一找哪些地方使用了传感器。

问题导入

夏季买西瓜的时候，你会如何挑选呢？

有的人挑选西瓜时，会注意西瓜的颜色和形状，有的人则喜欢用手拍西瓜，听它发出的声音。他们根据眼睛看到的和耳朵听到的信息来判断西瓜的好坏。在这种情况下，眼睛和耳朵就像传感器一样，因此传感器也被称为"机器的五官"。

0.1.1 知识准备：传感器的定义、应用及基本特性

0.1.1.1 传感器的定义、组成及其分类

1. 传感器的定义

根据我国现行标准《传感器通用术语》（GB/T 7665—2005）的规定，传感器（transducer/sensor）的定义："传感器是一种能感受被测量并按照

微课：初识传感器

一定的规律将其转换成可用输出信号的器件或装置，通常由敏感元件和转换元件组成。"传感器通常又称为转换器、检测器等。

上述传感器的定义有以下几方面的含义。

1）传感器是一种检测装置，必须能感受被测量，故传感器的输入量就是某一被测量，可能是物理量、化学量，也可能是生物量等。

2）传感器能将感受到的被测量转换成可用输出信号。所谓的"可用输出信号"是指便于传输、转换及处理的信号，主要包括光信号、电信号（目前主要指电信号，如电压、电流、频率等）。

3）传感器必须按一定规律将输入信号转换成输出信号，故输入信号和输出信号间要有确定的对应关系，并且要保证一定的准确度。

在实际检测中，被测量一般为非电信号，如压力、压强、温度、速度、位移等，由于这类非电信号不能像电信号那样可由电工仪表、仪器来直接测量，因而需要利用传感器来实现由非电量到电量的转换。本书中介绍的传感器大多是指将非电量转换成电量的传感器。

在日常生活中，传感器随处可见。图 0-1（a）所示的传声器（俗称话筒）是一种将声音信号转换成相应电信号的装置，这是一种传感器；图 0-1（b）所示的摄像头可以将图像信号转换成电信号，因此它也是一种传感器；日常使用的电子体温计能将温度信号转换成电信号，这也是一种传感器。

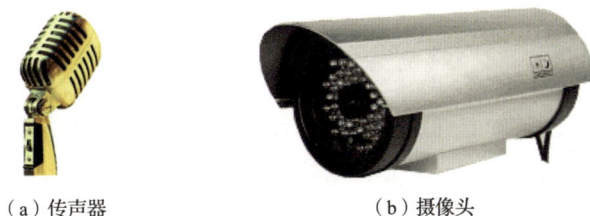

（a）传声器　　　　　　　　　　（b）摄像头

图 0-1　日常传感器

2. 传感器的组成

传感器一般由敏感元件、转换元件两部分组成，通常还要接测量电路。传感器的组成框图如图 0-2 所示。

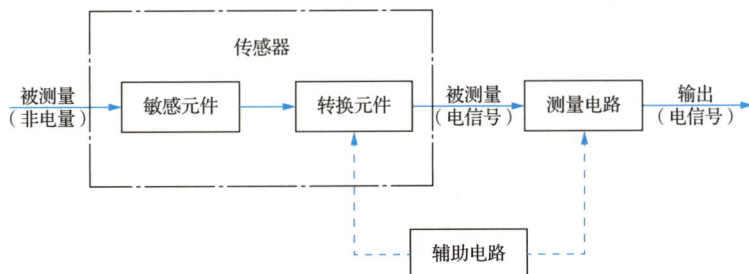

图 0-2　传感器的组成框图

（1）敏感元件

敏感元件是传感器中直接感受被测量，并按规律输出与被测量成确定关系的其他量（通常是非电量）的部分。图 0-3 所示的商用电子秤中的悬臂梁就是一种敏感元件，它能将被测物的质量转换为悬臂梁的形变。

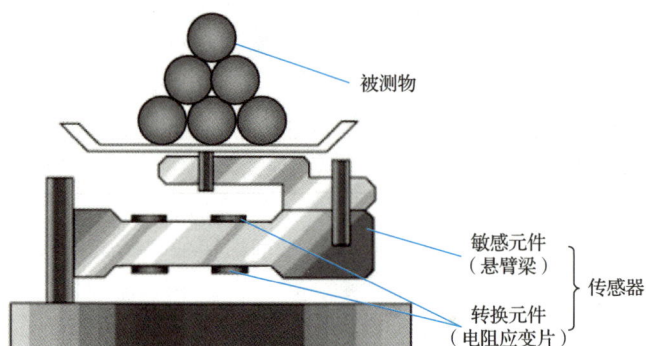

图 0-3　商用电子秤

（2）转换元件

转换元件是传感器中将敏感元件输出的非电信号转换为电信号的部分。例如，商用电子秤中悬臂梁上粘贴的电阻应变片可以将悬臂梁的形变转换成电阻值的变化，这种电阻应变片就是转换元件。

（3）测量电路

测量电路，又称转换电路或测量转换电路，它能将转换元件输出的电信号进一步转换成便于传输和测量的电压、电流、频率等电信号。常用的测量电路有交直流电桥、放大器等。

并不是所有的传感器都同时包含敏感元件和转换元件，许多传感器将这两者合二为一，如压电晶体能直接感受被测压力，并输出与压力成一定关系的电信号。

3. 传感器的分类

通常，一种物理量可以通过多种不同的传感器进行测量，而同一传感器也可以检测多种物理量。传感器的分类方法多种多样，依据不同的分类标准，可将传感器分成不同的类型，表 0-1 列出了常用的分类方法及其对应的传感器类型。

表 0-1　传感器的分类方法及类型

分类方法	类型	举例说明
按被测量分类	物理量传感器、化学量传感器、生物量传感器	位移、力、速度、温度、流量、气体成分等传感器
按输出信号分类	数字（开关）传感器、模拟传感器	数字传感器输出数字信号（"1"和"0"，或"开"和"关"），模拟传感器输出模拟信号
按工作原理分类	电阻应变式、电容式、电感式、压电式、霍尔式、光电式、热电式、磁电式等传感器	电阻应变式传感器、电容式传感器、光电式传感器等

0.1.1.2　传感器的应用

随着自动化生产、计算机技术、机器人技术、汽车工业、环保和航空航天技术的进步，传感器的应用逐渐渗透到人类生产生活的各个领域。无论是复杂的自动控制系统还是日常生活中的方方面面，传感器都扮演着不可或缺的角色。传感器技术的进步对国民经济的发展起着日益重要的作用。

1. 传感器在日常生活中的应用

在日常生活中，各种家用电器的自动化离不开传感器，图 0-4（a）所示空调的制冷、制热功能，图 0-4（b）所示电饭煲的加热、保温功能等，都要先通过温度传感器进行检测才能实现控制；图 0-4（c）所示电视机的红外光电式传感器则是通过检测遥控器发出的红外线，并将其变换成电信号来进行控制的。

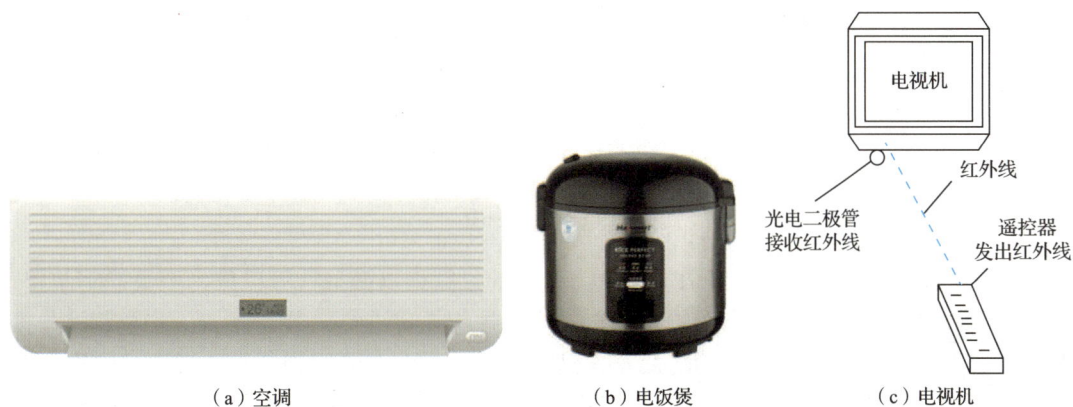

（a）空调　　　　　　　（b）电饭煲　　　　　　　（c）电视机

图 0-4　家用电器

当我们使用智能手机时，它可以实现指纹解锁、自动旋转屏幕、自动调节屏幕的亮度、自动锁屏、自动定位等功能，这些功能分别是指纹传感器、加速度传感器、光敏传感器、距离传感器、磁力仪、陀螺仪等传感器的功劳，如图 0-5 所示。

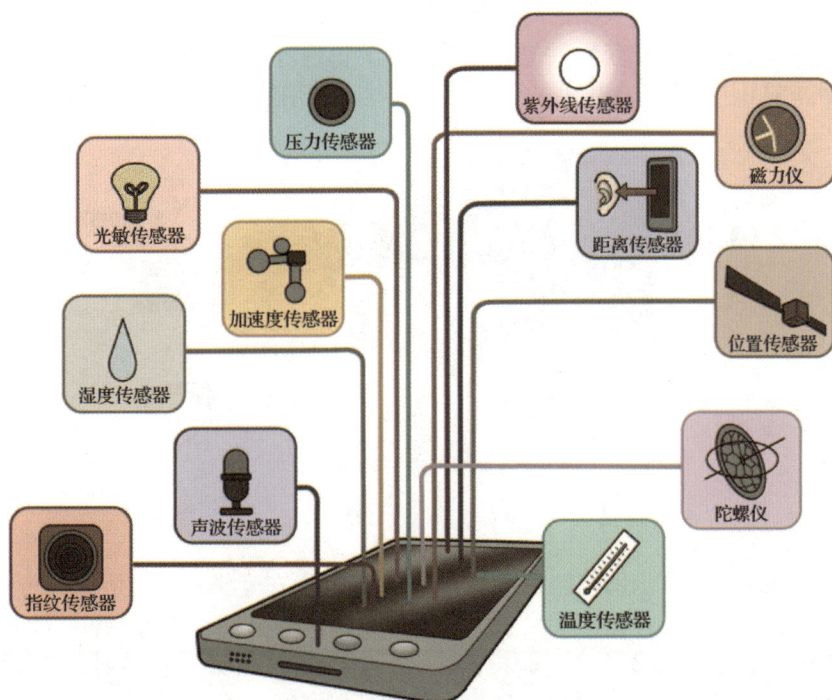

图 0-5　智能手机里的各类传感器

当我们走近自动门时，门会自动打开，通过后，门会自动关闭，这也是传感器在起作用，如图 0-6 所示。

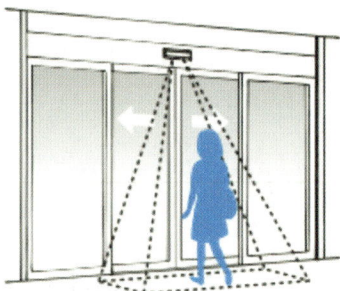

图 0-6　自动门

目前，家庭自动化的规划正在进行中，未来的家庭将以微型计算机作为中央控制装置，通过各种传感器监测家庭各方面的状态，并通过控制设备进行调节。例如，安全监控与报警、空调和照明控制、家务自动化及个人健康管理等方面都要用到各种传感器。家庭自动化的实现有望为居民节省时间，使他们更专注于学习、娱乐和休息，从而显著提升生活质量。

2. 传感器在工业自动化生产中的应用

传感器在工业自动化生产中扮演着至关重要的角色。在石油、化工、电力、钢铁、机械等行业中，传感器类似于人类的感觉器官，分别安装在各个关键位置上，它们不间断地收集和检测各种信息，并把获取的信息传输至计算机进行处理，用于生产过程、质量管理和安全控制。图 0-7 展示了食用油的自动化生产线上使用的部分传感器。

图 0-7　食用油的自动化生产线

3. 传感器在汽车中的应用

在一辆普通家用轿车上所用的传感器有 100 多种,而在豪华轿车上所用的传感器有 200 余种。传感器在汽车中的广泛应用，极大提升了车辆的安全性、舒适性和性能表现。汽车中常见的传感器有温度传感器、速度传感器、转速传感器、加速度传感器、接近传感器等，如图 0-8 所示。其中，温度传感器监控发动机和环境温度，防止过热或过冷；速度传感器用于测量车速，确保行车安全；转速传感器帮助控制发动机和变速器的工作状态；加速度传感器用于检测车辆的加速度变化，提升动态稳定性；接近传感器辅助泊车和避免碰撞；车高位置传感器用于调节悬挂系统，提高行驶舒适性和通过性；碰撞传感器在事故中触发安全气囊，以保护乘员；液位传感器监控油液水平，防止干烧。

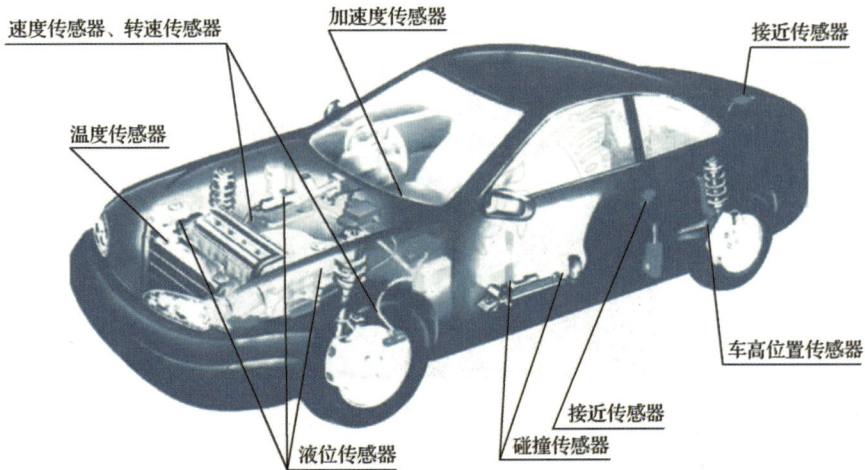

图 0-8　汽车中使用的部分传感器

4. 传感器在机器人中的应用

目前，在高劳动强度和危险操作的环境，以及需要高速度、高准确度操作的场所，逐步引入机器人取代人工。在实际应用中，大多数机器人主要用于加工、组装等生产任务，图 0-9 所示的机械手仅配备了用于检测机械臂位置和机械臂角度的传感器。

要使机器人能够执行更复杂的任务，如人类所做的工作，则需要给机器人安装视觉传感器和触觉传感器。视觉传感器使机器人能够识别和检测物体，触觉传感器使机器人能够感知物体的压力、力度和摩擦感，这类机器人称为智能机器人。图 0-10 所示为智能机器人中的双脚步行机器人。

图 0-9　机械手

图 0-10　双脚步行机器人

5. 传感器在农业生产中的应用

在农作物生长的整个过程中，可以利用各种传感器收集信息，监测农作物生长环境的各项参数，从而及时采取相应措施，实现科学种植管理。例如，通过传感器测量土壤成分，确定应施肥的类型和量；利用气敏传感器监控植物生长的人工环境，促进光合作用；利用传感器进行鼠虫防治和农田水利灌溉的自动控制。图 0-11 所示的塑料大棚内，种植操作中广泛使用了传感器技术。

图 0-11　塑料大棚

6. 传感器在医疗医学中的应用

以前西医常用水银体温计、听诊器和血压计等传统医疗检测仪器进行诊断。随着医用电子学的发展，传统医疗检测仪器和依赖医生经验和感觉的诊断方式已逐渐被先进技术取代。现代医学传感器可以对人体的表面和内部温度、血压、腔内压力、肿瘤、血液成分、脉搏及心脑电波等身体特征进行精确诊断。传感器对促进医疗技术的发展起着非常重要的作用。图 0-12 所示为螺旋 CT 检测设备。

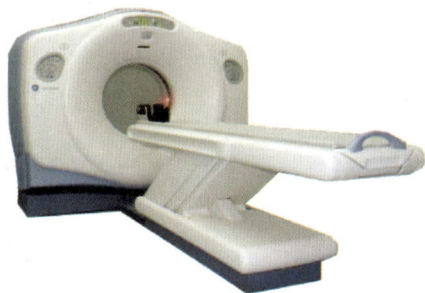

图 0-12　螺旋 CT 检测设备

为提高全民的健康水平，医疗工作将不再局限于治疗疾病。今后，在疾病的早期诊断、早期治疗、远距离诊断及人工器官的研制等广泛领域，传感器将会得到越来越多的应用。

7. 传感器在航空航天中的应用

在航空航天飞行器上使用了各种各样的传感器，数量多达千余种。图 0-13 为垂直转运中的神舟十三号飞行器。为了解飞行器的飞行轨迹并将其控制在预定的轨道上，需要使用传感器来测量速度、加速度和飞行距离；为掌握飞行器的飞行姿态和飞行的方向，需要使用红外地平仪、阳光传感器、星光传感器及地磁传感器进行测量。此外，对飞行器周围的环境、内部设备的监控等也需要通过传感器进行检测。

图 0-13　神舟十三号飞行器转运现场

0.1.1.3　传感器的基本特性

传感器的基本特性指的是传感器输出与输入之间的关系，通常包括静态特性和动态特性。为了减少在测量中可能出现的误差，传感器必须具有优良的静态特性和动态特性。

微课：传感器的
基本特性

1. 静态特性

传感器的静态特性是指被测量不随时间变化或随时间缓慢变化时，传感器的输出量 y 与输入量 x 之间的对应关系。显然，在静态特性的关系式中不含时间变量。用于描述传感器静态特性的常见性能指标包括线性度、灵敏度、迟滞和重复性等。

（1）线性度

通常情况下，传感器的静态特性曲线并非直线。在实际工作中，为了简化理论分析、数据处理和设计，同时确保仪表刻度盘均匀、易于制作、安装和调试，常常使用一条理论直线来近似地代替实际特性曲线。

传感器的线性度是指传感器实际的输入-输出特性曲线与理论直线之间的最大偏差与输出量程范围的比值，如图 0-14 所示。从图 0-14 可以看出，传感器的线性度越小，意味着实际曲线与理论直线吻合程度越高，因此检测误差也会越小。

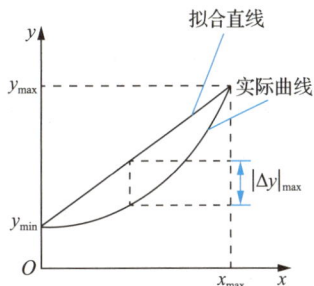

图 0-14　线性度

（2）灵敏度

灵敏度是指传感器输出的变化量 Δy 与输入的变化量 Δx 的比值，通常用符号 K 表示。

$$K = \frac{\Delta y}{\Delta x} \tag{0-1}$$

从式（0-1）容易看出，传感器的灵敏度表示单位被测量的变化引起的输出量的变化量。

因此，灵敏度 K 值越高，传感器的响应越灵敏。输入-输出特性曲线是直线的传感器称为线性传感器，其灵敏度是一个常量，如图 0-15（a）所示；输出-输出特性曲线不是直线的传感器称为非线性传感器，其灵敏度是变量，如图 0-15（b）所示。

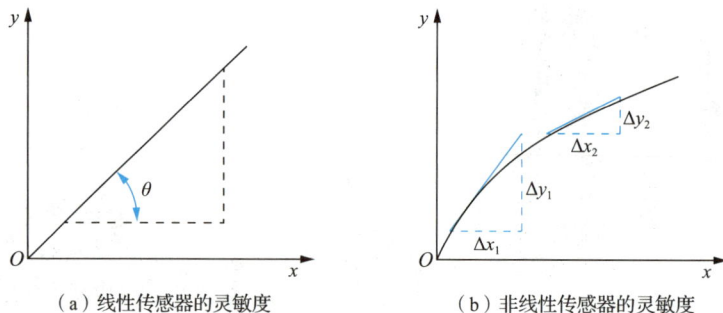

（a）线性传感器的灵敏度　　（b）非线性传感器的灵敏度

图 0-15　传感器的灵敏度

（3）迟滞

迟滞是指传感器在正向行程（输入量增大）和反向行程（输入量减小）期间，输入-输出特性曲线不一致的程度，如图 0-16 所示。显然，传感器正向行程时的输入-输出特性曲线与反向行程时的特性曲线靠得越近，迟滞越小，测量的误差就越小。

产生迟滞现象的原因是传感器在机械制造和工艺上存在不可避免的误差，如机械上的螺钉松动、元件长时间暴露在潮湿的空气中被腐蚀，或者工作时机械部件之间的摩擦等。

（4）重复性

重复性是指传感器在输入量按同一方向做全量程连续多次测量时，所得特性曲线不一致的程度，如图 0-17 所示。重复性产生的原因与迟滞基本相同。特性曲线重合得越好，则重复性越好，测量的误差就越小。

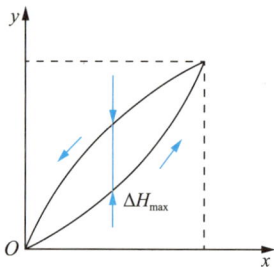

图 0-16　迟滞

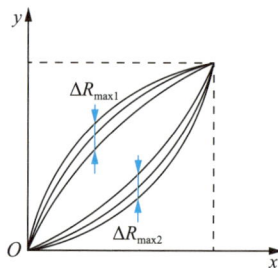

图 0-17　重复性

（5）测量范围与量程

检测系统仪器正常工作时能够测量的被测量的范围称为测量范围。测量范围的最大值称为测量的上限值，最小值称为下限值，测量的上限值与下限值代数差的绝对值即量程。

例如，有一温度计的测量上限值是 60℃，下限值为-30℃，则其量程可表示为

$$量程 = |60℃ - (-30℃)| = 90℃$$

可见，已知测量范围的上限值和下限值可得该测量系统的量程，而已知量程却无法判断该检测系统的测量范围。

2. 动态特性

如果传感器要检测的是随时间变化的输入信号，那么传感器必须能够跟踪输入信号的变化，这种跟踪输入信号变化的能力就是传感器的动态特性。表征传感器动态特性的主要参数包括响应速度和频率响应等。

（1）响应速度

响应速度反映了传感器在规定误差范围内，输出信号随输入信号变化的快慢。

（2）频率响应

频率响应是指传感器的输出特性与输入信号频率之间的关系。传感器的频率响应越高，可测量信号的频率范围就越宽。

0.1.2　任务实施：识别实训室及生活中的传感器

0.1.2.1　认识实训室中的传感器

在教师的带领下，参观相关专业的实训室，认识各实训室中用到的传感器。

1. 单片机技术实训室中使用的传感器

图 0-18 所示为单片机技术实训室中常用的智能物料搬运实训装置。其中，"1"是光电式传感器，用于判断物料小球的颜色；"2"是光纤传感器，可与光电式传感器配合使用，用于判断物料小球的颜色；"3"是松紧传感器，用于指示机械手爪的松紧状态；"4"是升降传感器，用于判断机械手臂的升降是否到位；"5"是行程开关，用于判断机械手水平移动是否到位，最左边和最右边的行程开关同时还起到防止机械手运动超程的保护作用。

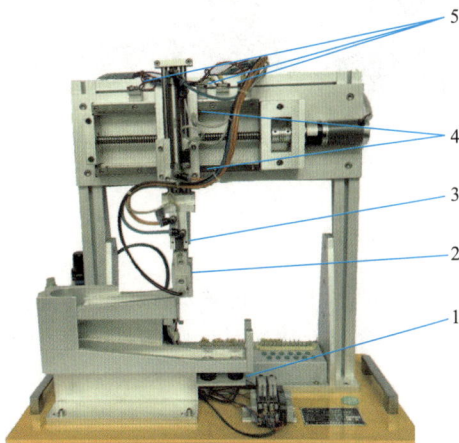

图 0-18　智能物料搬运实训装置

2. 电气安装实训室中使用的传感器

图 0-19 所示是电气安装实训室中使用的传感器模块。其中，"1"是光电式传感器，"2"

是电容式接近传感器,"3"是电感式金属传感器。

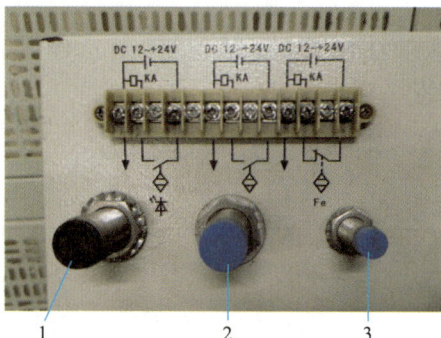

图 0-19 传感器模块

3. 机电一体化组装与调试实训室中使用的传感器

图 0-20 所示为机电一体化组装与调试实训室中使用的光机电一体化实训考核装置。其中,"1"是磁性传感器,用于限位;"2"是电感式传感器,用于检查金属工件;"3"是光纤传感器,可通过调节灵敏度来检查塑料工件的颜色,同时也能检查金属工件。

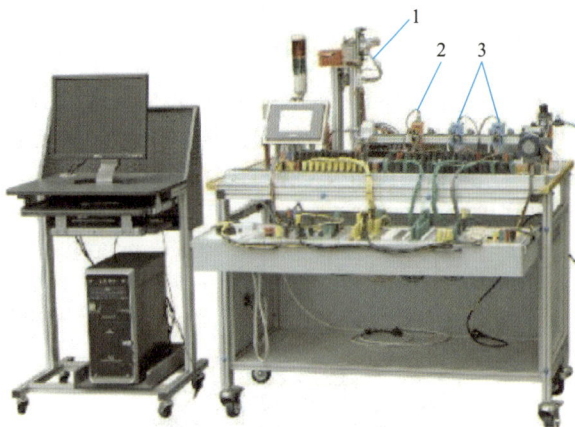

图 0-20 光机电一体化实训考核装置

0.1.2.2 认识日常生活中的传感器

在日常生活中,我们也会经常使用各种传感器,如家用电冰箱和空调中的温度传感器、智能手机中的指纹传感器等。试着找一找生活中哪些地方使用了传感器,并查阅资料完成一篇题为"日常生活中使用的传感器"的小论文。要求如下:

1)至少写两件生活中使用的传感器;

2)每件传感器至少附一张照片;

3)简单介绍每件传感器的作用。

0.1.3　学习评价

本工作任务的学习成果评价表如表 0-2 所示。

表 0-2　学习成果评价表

序号	考核内容	分值	评分要素	自评	互评	师评
1	小组准备	10	小组分工明确，能够对学习任务内容及实施步骤进行精心准备			
2	知识运用	30	对知识的理解到位，并能熟练、准确地运用所学知识完成实践任务			
3	成果展示与任务报告	20	成果展示内容丰富、语言规范，实践活动报告结构完整、观点正确			
4	学习态度与课堂纪律	15	学习积极主动、态度认真，遵守教学秩序			
5	自主学习与动手能力	10	具有探究精神、自学意识和较强的动手能力，善于发现问题			
6	团队配合	15	团队意识强，小组成员配合默契，问题解决及时			

综合评价：

教师或导师签字：

工作任务 *0.2*

初 识 测 量

【核心概念】

测量：将被测量与相同性质的标准量进行比较，确定被测量对于标准量倍数的过程。

测量误差：测量的示值与被测量的真值之间的偏差。

【学习目标】

1. 理解测量误差的产生原因及其表示方法。

2. 能进行简单的测量与数据分析。

在实际生产和生活中，大多数被测量是非电量，因此传感器会将非电量转换成电量后再进行测量。由于受多种因素的影响，测量结果与被测对象的真实状况之间可能存在一定的偏差。为了使测量结果更准确，从而做出更可靠的决策，学习测量误差是非常必要的。

问题导入

在教室里，如何得知课桌的宽度呢？

0.2.1 知识准备：测量及其方法，测量误差及其表示形式

0.2.1.1 测量及其方法

1. 测量的概念

测量是为了获得被测量的值而进行的一系列操作，是将被测量与相同性质的标准量进行比较，确定被测量对于标准量倍数的过程。

经过测量后得到的被测量的值称为测量结果，测量结果通常由数值和相应的单位两部分组成。其中数值包括数值大小和符号，既可以用数字表示，也可以用图像表示。数值的单位在测量结果中是必不可少的，否则，测量的结果将没有任何意义。

2. 测量的方法

测量方法的选择是工程测量中至关重要的一步。根据不同的分类标准，测量方法可以分为不同的类型。

（1）根据测量的手段分类

根据测量的手段不同，测量方法可分为直接测量和间接测量。

1）直接测量：使用仪器仪表直接进行测量，测量值就是被测值。例如，用电流表测电流、用秒表测时间等。这种方式简单直观、迅速方便，但其准确度受限于所用仪器的准确度。

2）间接测量：当被测量不便直接测量时，利用被测量与某中间量之间的函数关系，先测出中间量，再通过关系式计算出被测量的值。例如，用伏安法测电阻，先测出某电阻的电压与电流值，再通过欧姆定律计算出其电阻值。

（2）根据被测量是否随时间变化分类

根据被测量是否随时间变化，测量方法可分为静态测量和动态测量。

1）静态测量：被测对象处于稳定状态时的测量，被测量值恒定不度。例如，测物体的质量属于静态测量。

2）动态测量：被测对象处于不稳定状态时的测量，被测量值随时间变化而变化。例如，用速度传感器测量汽车的速度属于动态测量。

（3）根据测量时是否与被测对象接触分类

根据测量时是否与被测对象接触，测量方法可分为接触式测量和非接触式测量。

1）接触式测量：传感器直接与被测对象接触，感受其变化，从而获得信号并测量其大

小。例如，用水银体温计测体温。

2）非接触式测量：传感器不直接接触被测对象，通过间接方式感受其变化，从而获得信号并测量其大小。例如，用辐射式温度计测量温度等。

0.2.1.2 测量误差及其表示形式

1. 测量误差

（1）示值

检测系统（仪器）显示或指示出来的被测量的数值称为示值，也称测量值。

（2）真值

严格定义的理论值或客观存在的实际值称为真值，如直角为 90° 等。在实际测量中，除严格定义的理论值外，客观存在的实际真值通常难以获得，这时通常会用准确度更高的标准仪器的测量值来代替真值，称为相对真值。

（3）测量误差

测量误差就是测量的示值与被测量的真值之间的偏差，简称误差。测量误差有不同的表示形式。

2. 测量误差的表示形式

测量误差的表示形式通常有两种，即绝对误差和相对误差。

（1）绝对误差

测量的示值 X 与被测量的真值 A_0 的差，称为绝对误差，用 ΔX 表示，即

$$\Delta X = X - A_0 \qquad (0-2)$$

由于实际真值 A_0 通常难以获得，故常用准确度更高的标准仪器的测量值（即相对真值 A）来代替真值 A_0。绝对误差表示为

$$\Delta X = X - A \qquad (0-3)$$

与绝对误差的绝对值相等，但符号相反的值称为修正值，用 C 表示，即

$$C = -\Delta X \qquad (0-4)$$

例如，已知三角形的内角和为 180°，如果用量角器测量三角形的三个内角，求出它们的和为 179°，那么此次测量的绝对误差为

$$\Delta X = X - A = 179° - 180° = -1°$$

从上面的例子可以看出：绝对误差有单位，单位与示值和真值相同；绝对误差有符号，绝对误差 ΔX 为正表示示值 X 大于真值 A，ΔX 为负则表示示值 X 小于真值 A。

（2）相对误差

绝对误差虽然可以说明测量值偏离真值的大小，但是不能说明测量的准确程度。例如，用合适量程的电压表进行测量时，测 100V 电压时的绝对误差 ΔX_1 为 2V，测 10V 电压时的绝对误差 ΔX_2 为 0.5V，虽然 $\Delta X_1 > \Delta X_2$，但是 ΔX_1 只占被测量值 100V 的 2%，而 ΔX_2 却占被测量值 10V 的 5%。显然，后者的误差对测量结果的影响相对较大。因此，工程上常采用相对误差来衡量测量结果的准确程度。相对误差通常用百分数表示，一般分以下几种。

微课：传感器测量误差及其表示方法

1）实际相对误差：用绝对误差 ΔX 与真值 A 的比值乘以100%，通常用 γ_A 表示，即

$$\gamma_A = \frac{\Delta X}{A} \times 100\% \tag{0-5}$$

2）示值相对误差：用绝对误差 ΔX 与示值 X 的比值乘以100%，通常用 γ_X 表示，即

$$\gamma_X = \frac{\Delta X}{X} \times 100\% \tag{0-6}$$

3）满度相对误差（又称引用误差）：用绝对误差 ΔX 与仪器的满刻度值 X_m 的比值乘以100%，通常用 γ_m 表示，即

$$\gamma_m = \frac{\Delta X}{X_m} \times 100\% \tag{0-7}$$

【例1】　用量程为10A的电流表测一实际值为8A的电流，若读数为8.1A，求测量的绝对误差和相对误差。

解：绝对误差为

$$\Delta X = X - A = 8.1\text{A} - 8\text{A} = 0.1\text{A}$$

实际相对误差为

$$\gamma_A = \frac{\Delta X}{A} \times 100\% = \frac{0.1\text{A}}{8\text{A}} \times 100\% = 1.25\%$$

示值相对误差为

$$\gamma_X = \frac{\Delta X}{X} \times 100\% = \frac{0.1\text{A}}{8.1\text{A}} \times 100\% \approx 1.23\%$$

满度相对误差为

$$\gamma_m = \frac{\Delta X}{X_m} \times 100\% = \frac{0.1\text{A}}{10\text{A}} \times 100\% = 1\%$$

（3）准确度

检测系统（仪器）的准确度等级是以满度相对误差的最大值去掉正负号和百分号后的数字来确定的。

根据国家规定，将准确度 S 划分为7个等级，从高到低依次是0.1级、0.2级、0.5级、1.0级、1.5级、2.5级和5.0级。当通过测量和计算得到的准确度不属于上述7个等级中的某一级时，应严格按照"选大不选小"的原则来确定准确度等级。

例如，有一个量程为1000V的数字电压表，假设这个电压表在整个量程中的最大绝对误差为1.21V，则其准确度为

$$S = \frac{|\Delta X_m|}{A_m} \times 100 = \frac{1.21\text{V}}{1000\text{V}} \times 100 = 0.121$$

显然0.121不在7个准确度等级中，而是介于0.1级和0.2级之间，那么按照"选大不选小"的原则，准确度 S 应确定为0.2级。当然，如果仪表的准确度为0.5级，则意味着

$$0.2\% < \frac{|\Delta X_m|}{A_m} \leqslant 0.5\%$$

注意：仪表的准确度等级高并不意味着测量结果就会精确。事实上，必须同时考虑仪器的准确度等级与量程，才能得到较为精确的测量结果。因此，在使用仪表进行测量时，应注意选择合适的量程，使得仪表的示值尽可能在量程的2/3～3/4之间，即指针最好偏转在满刻度2/3～3/4的区域，这样可以获得更精确的测量结果。

0.2.1.3 测量误差的分类

根据测量误差产生的原因及呈现的规律，可将其分为系统误差、随机误差和粗大误差，如表 0-3 所示。

表 0-3 测量误差的分类

类型	定义	产生原因	误差处理方式
系统误差	在相同条件下重复测量同一被测量时，误差的大小和符号保持不变或按照一定规律变化的误差	仪器本身误差、使用方法误差、测量员个体误差、环境误差等	通过校正测量仪表或引入修正值来减小误差
随机误差	在相同条件下重复测量同一被测量时，误差的大小和符号无规律变化的误差	仪器内部器件和零部件产生的噪声、温度及电源电压的不稳定、电磁干扰、测量人员感觉器官的无规律变化等因素	分析和估算误差值的变动范围，通过取平均值的方法来减小误差
粗大误差	在一定条件下测量结果明显偏离实际值所对应的误差	测量者对仪器不了解等造成的操作错误、读数不正确或突发事故等	直接剔除因粗大误差而出现的坏值

0.2.2 任务实施：测量及结果分析

0.2.2.1 分组实施测量

将班上的同学分成 8 个小组，以小组为单位测量实训台上指定的直流电压。每位学生用同一只万用表的同一个量程测量同一个直流电压，并将测量结果记录在表 0-4 中，将每个小组的测量结果的平均值作为示值，然后计算出绝对误差和示值相对误差。（教师也可以根据实训室能提供的被测电压和所用万用表的量程自行设计实验表格。）

表 0-4 测量记录表

量程/V	小组	被测真值/V	学生 1	学生 2	学生 3	学生 4	小组平均值	绝对误差	示值相对误差
4	1	3							
	2	3							
40	3	3							
	4	3							
	5	24							
	6	24							
400	7	24							
	8	24							

0.2.2.2 数据分析与问题思考

分析数据并思考如下问题。

问题 1：为什么同一个被测电压，在同一只万用表的同一个量程下，不同的学生会得到不同的测量结果呢？

问题 2：为了减小随机误差，通常用什么方法来处理测量数据？

问题 3：分析各小组绝对误差和示值相对误差，哪一组测量的准确性最高？

问题 4：为了提高测量的准确性，应该如何选择合适的量程？

0.2.3 学习评价

本工作任务的学习成果评价表如表 0-5 所示。

表 0-5 学习成果评价表

序号	考核内容	分值	评分要素	自评	互评	师评
1	小组准备	10	小组分工明确，能够对学习任务内容及实施步骤进行精心准备			
2	知识运用	30	对知识的理解到位，并能熟练、准确地运用所学知识完成实践任务			
3	成果展示与任务报告	20	成果展示内容充实、语言规范，实践活动报告结构完整、观点正确			
4	学习态度与课堂纪律	15	学习积极主动、态度认真，遵守教学秩序			
5	自主学习与动手能力	10	具有探究精神、自学意识和较强的动手能力，善于发现问题			
6	团队配合	15	团队意识强，小组成员配合默契，问题解决及时			

综合评价：

教师或导师签字：

知识拓展

传感器的选用原则

现代传感器在原理与结构上多种多样，如何根据具体的测量目的、被测对象及使用环境合理地选用传感器，是首先要解决的问题。确定了传感器之后，与之相配套的测量方法和测量设备也就随之确定了。因此，测量的成败在很大程度上取决于传感器的选用是否合理。

1. 传感器类型的选择

在进行具体的测量工作之前，首先需要考虑选择何种原理的传感器。这需要综合分析多个方面的因素之后才能确定。即使在测量同一物理量时，也有多种不同原理的传感器可供选择。要确定哪种原理的传感器更为合适，需要考虑以下具体问题：量程的大小；被测位置对传感器体积的要求；测量方式是接触式还是非接触式；信号的输出方法等。

综合考虑上述问题之后，才能确定选用的传感器类型，并进一步考虑其具体的性能指标。

2. 灵敏度的选择

通常情况下，在传感器的线性范围内，高灵敏度的传感器更为理想。这是因为高灵敏度的传感器能够产生更大幅度的输出信号响应被测量的变化，有利于后续信号处理过程。然而，需要注意的是，高灵敏度的传感器也更容易受到与被测量无关的外界噪声的影响，这些噪声经放大系统放大后，会影响测量的准确度。因此，在选择传感器时，应确保其具有较高的信噪比，以尽量减少外界干扰信号的影响。

另外，传感器的灵敏度是有方向性的。如果被测量是单方向的向量，并且对其方向性要求较高，应选择在其他方向灵敏度较低的传感器；对于多维向量的测量，则应选择交叉灵敏度较低的传感器，以确保测量结果的准确性。

3. 频率响应特性的选择

传感器的频率响应特性决定了被测量的频率范围，必须确保在允许的频率范围内能够保持不失真的测量条件。实际上，传感器的响应存在一定的延迟，理想情况下延迟越短越好。高频率响应的传感器可以处理更宽的信号频率范围，但受到结构特性的影响，机械系统的惯性较大的传感器只能测量频率较低的信号。

在动态测量中，应根据信号的特性选择合适的频率响应特性，以免引入过大的测量误差。

4. 线性范围的选择

传感器的线性范围是指输出与输入成正比的范围。从理论上讲，在此范围内，传感器的灵敏度保持不变，线性范围越宽，则其量程越大，并且能保证一定的测量准确度。但实际上，任何传感器都不能保证绝对的线性，其线性度也是相对的。当所要求的测量准确度比较低时，在一定的范围内，可将非线性误差较小的传感器近似看作线性的传感器，以方便测量。

5. 稳定性的选择

传感器使用一段时间后，其性能保持不变的能力称为稳定性。除传感器本身的结构外，影响传感器长期稳定性的因素主要是传感器的使用环境。因此，在选择传感器之前，应对其使用环境进行详细调查，根据具体情况选择合适的传感器，或采取适当的措施，以减小环境因素的影响。

传感器的稳定性可以通过定量指标来衡量，在超过使用期后，应重新进行标定，以确认传感器的性能是否发生变化。

对于那些要求传感器能长期使用又难以更换或更新标定的场合，对所选择的传感器的稳定性要求更为严格，必须能够经受住长时间的考验。

6. 准确度的选择

准确度是传感器的关键性能指标，直接影响整个测量系统的测量准确度。通常，传感器的准确度越高，其价格也越昂贵。因此，选择传感器时只需确保其准确度能够满足整个测量系统的要求即可，而不必追求过高的准确度。这样可以在满足同一测量目的的诸多传感器中选择更廉价、更简单的传感器。

对于定性分析，选择重复准确度高的传感器即可，而无须选择绝对量值准确度高的传感器；对于定量分析，为了确保获得精确的测量值，必须选用准确度等级能满足要求的传感器。

对某些特殊用途，如果无法找到合适的传感器，则须根据具体需求自行设计和制造传感器。

学 习 小 结

工作任务 0.1 主要介绍了传感器的概念、组成、分类、应用、基本特性，以及实训室和生活中常用的传感器。

传感器是一种能感受被测量并按照一定的规律将其转换成可用输出信号的器件或装置。传感器通常是将被测非电量转换成电量的器件或装置。

传感器一般由敏感元件、转换元件两部分组成，通常要接测量电路。敏感元件是传感器中直接感受被测量，并按规律输出与被测量成确定关系的其他量（通常为非电量）的部分；转换元件是传感器中将敏感元件输出的非电信号转换为电信号的部分。

传感器按被测量可分为物理量传感器、化学量传感器和生物量传感器；按输出信号可分为数字（开关）传感器和模拟传感器；按工作原理可分为电阻应变式、电容式、电感式、压电式、霍尔式、光电式、热电式、磁电式等传感器。

了解传感器在日常生活、工业自动化生产、汽车、机器人、农业生产、医疗医学及航空航天中的应用。

传感器的基本特性指的是输入与输出之间的关系，通常包括静态特性和动态特性。描述传感器静态特性的常见性能指标包括线性度、灵敏度、迟滞和重复性等；表征传感器动态特性的主要参数包括响应速度和频率响应等。

工作任务 0.2 主要介绍了测量的概念、分类；测量误差的表示形式及其计算；准确度等级及其确定。

测量是为了获得被测量的值而进行的一系列操作，是将被测量与相同性质的标准量进行比较，确定被测量对于标准量倍数的过程。经过测量后得到的被测量的值为测量结果，测量结果通常由数值和相应的单位两部分组成。

测量的方法根据测量的手段不同，可分为直接测量和间接测量；根据被测量是否随时间变化，可分为静态测量和动态测量；根据测量时是否与被测对象接触，可分为接触式测量和非接触式测量。

检测系统（仪器）显示或指示出来的被测量的数值称为示值或测量值；严格定义的理论值或客观存在的实际值称为真值；测量误差就是测量的示值与被测量的真值之间的偏差，简称误差。

测量误差的表示形式通常有两种：绝对误差和相对误差。测量的示值 X 与被测量的真值 A_0 的差，称为绝对误差。工程上常采用相对误差来衡量测量结果的准确程度。相对误差一般分为实际相对误差、示值相对误差和满度相对误差。

根据国家规定，将准确度 S 划分为 7 个等级，从高到低依次是 0.1 级、0.2 级、0.5 级、1.0 级、1.5 级、2.5 级和 5.0 级。应严格按照"选大不选小"的原则来确定精度等级。

在使用仪表测量选择量程时，使示值尽可能在量程的 2/3～3/4 之间（即指针最好偏转在满刻度 2/3～3/4 的区域），这样可以获得更精确的测量结果。

根据测量误差产生的原因及呈现的规律，可将其分为系统误差、随机误差和粗大误差。

直 击 工 考

一、填空题

1. 传感器多指那些将_____转换成_____的器件或装置。传感器主要是由_____和_____两部分组成，通常还要接_____电路。

2. 传感器按被测量可分为_____传感器、_____传感器和_____传感器；按输出信号可分为_____传感器和_____传感器。

3. 经过测量后得到的被测量的值为_____，它通常由_____和_____两部分组成。

4. 根据测量误差产生的原因及呈现的规律，可将其分为_____、_____和_____。

5. 在使用仪表测量选择量程时，使示值尽可能在量程的_____之间，这样可以获得更精确的测量结果。

二、选择题

1. 用伏安法测电阻属于（　　）。
   A. 直接测量　　　　　　　B. 间接测量
   C. 动态测量　　　　　　　D. 非接触式测量

2. 修正值与绝对误差的关系是（　　）。
   A. 绝对值相等，符号相同　　B. 绝对值不相等，但符号相同
   C. 绝对值相等，但符号相反　D. 绝对值不相等，符号相反

三、判断题

1. 根据国家规定，将准确度 S 划分为 7 个等级，从低到高依次是 0.1 级、0.2 级、0.5 级、1.0 级、1.5 级、2.5 级和 5.0 级。（　　）

2. 在使用指针式仪表选择量程时，指针最好能偏转在满刻度 2/3～3/4 的区域，这样测量结果较精确。（　　）

四、简答题

1. 传感器的定义是什么？
2. 传感器有哪些基本特性？一般用哪些性能指标来描述这些基本特性？
3. 什么是测量？
4. 测量方法有哪些类型？

五、计算题

1. 如果测得 20kΩ 电阻的值为 19.5kΩ，则测量的绝对误差为多少？测量的实际相对误差和示值相对误差分别为多少？

2. 用量程为 10A 的电流表测实际值为 8A 的电流，读数为 7.9A，求测量的绝对误差、实际相对误差和满度相对误差。若测出的绝对误差为最大绝对误差，求该电流表的准确度。

1 工作领域

工作领域

压力的检测

【内容导读】

压力是日常生活和工业自动化生产过程中重要的检测参数之一。常用的检测方法是电测压力法，它利用传感器的转换元件将被测压力直接转换为电信号并进行测量。根据转换元件的不同，主要有以下两类传感器：第一类是将传感器的某种参数（电阻 R、电感 L 或电容 C）的变化转换为相应电信号的传感器，如电阻应变式传感器、电感式传感器、电容式传感器等；第二类是利用某些物体的物理性质与压力相关的特性，将被测压力转换为电信号的传感器，如压电式传感器、压阻式传感器等。

本工作领域包括两个工作任务，重点介绍电阻应变式传感器、压电式传感器的工作原理和应用。

【学习目标】

知识目标

1. 理解电阻应变式传感器、压电式传感器的基本原理。
2. 了解电阻应变式传感器、压电式传感器的结构、类型与应用。
3. 理解气压检测电路原理。

能力目标

1. 能正确选择并熟练使用通用的仪器仪表及辅助设备。
2. 能进行质量检测电路、气压检测电路的组装与调试。

思政目标

1. 树立规范意识，遵规守纪，严格遵守实训室规章制度。
2. 树立安全意识，严格按照安全操作规程作业。

工作任务 **1.1**

质量检测——电阻应变式传感器

【核心概念】

电阻应变式传感器：将被测量变化转换成因发生应变而导致电阻变化的传感器。

【学习目标】

1. 了解电阻应变式传感器的结构、类型及应用。
2. 理解电阻应变式传感器及测量电路的基本原理。
3. 能对质量检测电路进行正确的组装与调试。

质量检测电路采用压力传感器来收集因压力变化产生的微弱信号。该信号经过电压放大电路放大后，通过 A/D（模拟/数字）转换器转换成数字信号。然后，数字信号被送入微处理器进行处理，最终数字信号被转换为物体的实际质量信号，并传送到显示单元，显示出实际质量。本工作任务介绍质量检测电路的组装与调试。

┌─ **问题导入** ─────────────────────────────────┐

我们在买菜和买水果时，需要使用电子秤进行称重，并根据显示的质量付款，那么电子秤是如何将货物的质量转换成可显示的电信号的呢？电子秤中使用了什么类型的传感器呢？

└──┘

1.1.1 知识准备：电阻应变式传感器的结构、原理及应用

1.1.1.1 电阻应变式传感器的结构和原理

1. 电阻应变式传感器的结构

电阻应变式传感器是一种将弹性元件（敏感元件）机械应变（如拉伸、压缩或弯曲等）通过电阻应变片（转换元件）转换为电阻值变化的传感器，它主要由弹性敏感元件和粘贴在弹性元件上的电阻应变片构成，其中电阻

微课：认识电阻
应变式传感器

应变片是核心部件。电阻应变式传感器广泛应用于电子秤等需要测量应变的设备中。

图 1-1 所示为商用电子秤结构示意图，悬臂梁左端固定在底座上，右端悬空，悬臂梁的上下两侧贴有 4 片电阻值为 R_1、R_2、R_3、R_4 的电阻应变片。悬臂梁受力时会产生形变，贴在不同部位的电阻应变片也会相应地被拉伸或压缩，电阻值随之发生变化。通过测量这种电阻值的变化，可以得出被测物的重量。

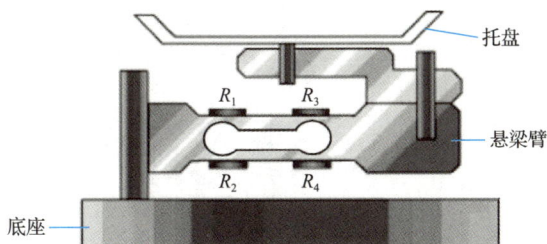

图 1-1　商用电子秤结构示意图

2. 电阻应变式传感器的基本原理

电阻应变片的主要工作原理是电阻应变效应。当导体或半导体在外力作用下产生机械形变时，其电阻值也会发生相应变化，这种现象称为电阻应变效应。

下面以金属电阻丝为例了解电阻应变效应，如图 1-2 所示。

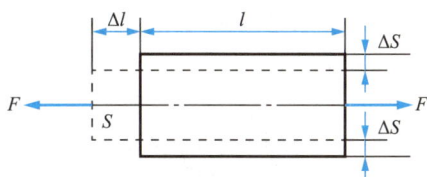

图 1-2　电阻应变效应示意图

一根金属电阻丝，在未受到外力作用时，其电阻值为

$$R = \rho \frac{l}{S} \tag{1-1}$$

式中：ρ——金属电阻丝的电阻率（$\Omega \cdot m$）；

　　　l——金属电阻丝的长度（m）；

　　　S——金属电阻丝的横截面面积（m^2）。

当金属电阻丝受到拉力 F 的作用而被拉伸时，其长度增加，横截面积减小，电阻值会增大；反之，当金属电阻丝被压缩时，其长度减小，横截面积增大，电阻值会减小。可见，导体在外力作用下产生形变时，其电阻值会发生相应变化，这就是电阻应变效应。

当电阻应变式传感器的弹性元件受到被测量作用后，弹性元件会发生形变，此形变传递给粘贴在弹性元件上的电阻应变片，电阻应变片随之变形，导致其电阻值发生变化。然后，测量电路（如电桥）将电阻应变片电阻值的变化转换成电压或电流信号，最终传输给处理电路进行显示或执行。以上即电阻应变式传感器的工作原理，如图 1-3 所示。

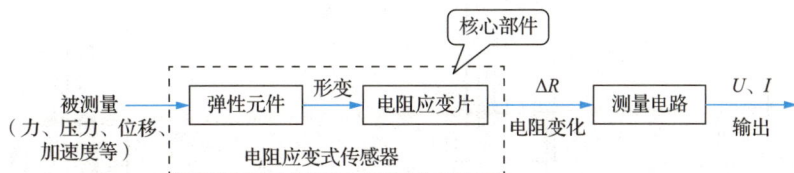

图 1-3　电阻应变式传感器的工作原理框图

1.1.1.2　电阻应变片的主要类型

根据材料不同，电阻应变可分为金属电阻应变片和半导体电阻应变片两大类，下面重点介绍金属电阻应变片。常用的金属电阻应变片有金属丝式电阻应变片和金属箔式电阻应变片，其结构图如图 1-4 所示。

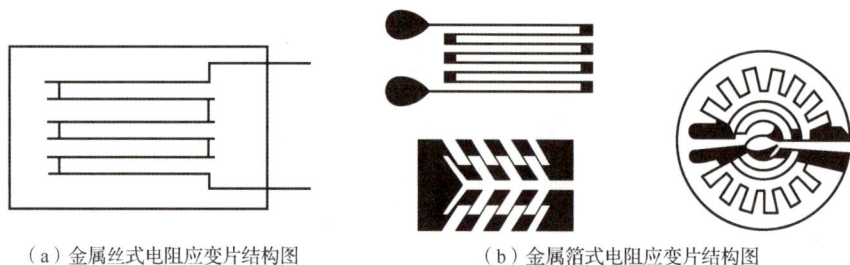

（a）金属丝式电阻应变片结构图　　　　　　　（b）金属箔式电阻应变片结构图

图 1-4　常见的金属电阻应变片结构图

虽然金属电阻应变片种类繁多、形式各异，但其基本结构大同小异。金属电阻应变片主要由敏感栅、绝缘基底、覆盖层和引出线构成。图 1-5 所示为金属丝式电阻应变片的实物图和内部结构。

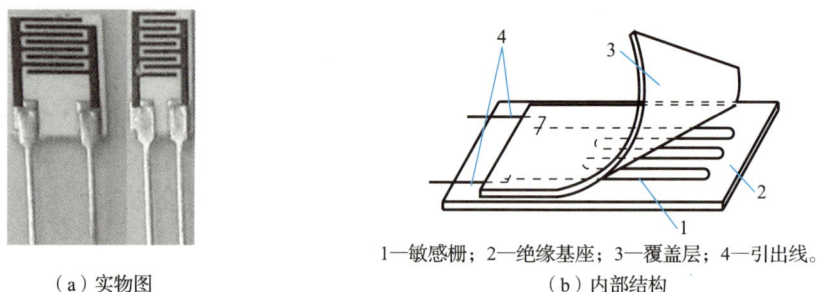

1—敏感栅；2—绝缘基座；3—覆盖层；4—引出线。

（a）实物图　　　　　　　　　　　　（b）内部结构

图 1-5　金属丝式电阻应变片

金属丝式电阻应变片和金属箔式电阻应变片的结构、工作机理、性能特点和使用场合具体如表 1-1 所示。

表 1-1　金属丝式电阻应变片和金属箔式电阻应变片对比表

应变片类型	金属丝式电阻应变片	金属箔式电阻应变片
结构		

应变片类型	金属丝式电阻应变片	金属箔式电阻应变片
工作机理	应变效应——机械形变引起电阻值的变化	应变效应——机械形变引起电阻值的变化
性能特点	结构简单、强度高，但允许通过的电流较小，测量准确度较低	表面积大、易散热，允许通过较大的电流，灵敏度较高，抗疲劳性好，使用寿命长
使用场合	可以测力、压力、位移和加速度，适用于测量要求不高的场合	可以测力、压力、位移和加速度，适用于需小型化和大批量生产的场合

　　由于金属箔式电阻应变片相比金属丝式电阻应变片具有更优越的性能，目前它们逐渐有取代金属丝式电阻应变片的趋势。康铜是目前应用较广泛的一种电阻应变片材料。

　　电阻应变片能否准确地感应到弹性敏感元件传递的应力，关键在于其粘贴工艺的合理性。电阻应变片的粘贴工艺主要包括贴片处的表面处理、粘贴位置的确定、粘贴固化及引出线的焊接等步骤。

┌─ **问题导入** ─────────────────────────────┐
　　电子秤是如何将压力的变化转换成电信号并通过数码管显示的呢？电阻应变片阻值的变化是如何转换成电信号的呢？
└──┘

　　当外力作用到弹性敏感元件上时，会产生微小的形变，粘贴在弹性元件上的电阻应变片的电阻值变化量也很小，一般在 0.5Ω 以下，因此不易被检测。为了测量电阻应变片如此小的电阻值变化并将其转换成电信号，应变式传感器中常用直流电桥作为测量电路。

1.1.1.3　电阻应变式传感器的测量电路

1. 电桥测量电路的基本原理

　　图 1-6 所示为直流电桥电路，R_1、R_2、R_3、R_4 分别为电桥桥臂上的四个电阻，U_i 为电桥的输入电压，U_o 为电桥的输出电压。

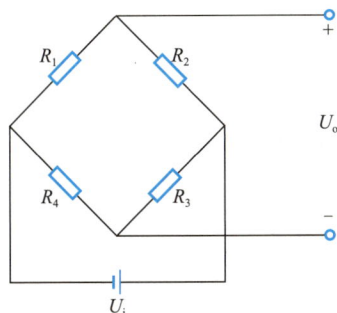

图 1-6　直流电桥电路

　　当电桥满足 $R_1R_3 = R_2R_4$ 时，输出电压 U_o 为零，电桥处于平衡状态。故电桥平衡的条件是相对桥臂电阻的乘积相等。

　　若电桥任意一个桥臂上的电阻值发生变化，则电桥将失去原有的平衡，输出电压 U_o

不再为零，而是根据电阻值的变化而改变。这样就实现了将电阻的变化转换为电信号输出。

2. 电桥测量电路的类型

根据电桥桥臂上电阻应变片接入情况的不同，电桥可分为惠斯通电桥、开尔文电桥和全桥三种类型。这三种类型电桥的定义、结构和性能比较如表 1-2 所示。为了简化电桥的设计与调试，通常桥臂电阻值取相等，即 $R_1=R_2=R_3=R_4$，所有电阻应变片的规格也相同，即初始电阻值和灵敏度系数 K 等参数相等。

表 1-2　三种类型电桥的定义、结构及性能比较

类型	惠斯通电桥	开尔文电桥	全桥
定义	电桥的一个桥臂上接入应变片 R_1，其余桥臂均为固定电阻	电桥的两个桥臂接入应变片，其余两个桥臂为固定电阻	电桥的四个桥臂都接入应变片
结构		双臂相邻臂电桥 双臂相对臂电桥	
输出电压	$U_o = \dfrac{U_i}{4} K\varepsilon$	$U_o = \dfrac{U_i}{2} K\varepsilon$	$U_o = U_i K\varepsilon$
灵敏度	低	较高	高

注：表 1-2 公式中的 ε 表示电阻应变片的应变量。

3. 电桥测量电路的灵敏度

从表 1-2 可以看出，当被测量的变化量相同时，电阻应变片的应变量 ε 相同；惠斯通电桥的输出电压最低，全桥的输出电压最高，因此惠斯通电桥的灵敏度最低，开尔文电桥次之，全桥的灵敏度最高。因此，为了得到较大的输出信号和较高的灵敏度，通常采用全桥或开尔文电桥。

根据电桥平衡条件 $R_1R_3 = R_2R_4$，在全桥或开尔文电桥中，应变性质相同的电阻应变片应接在电桥的对臂，应变性质相反的电阻应变片应接在电桥的邻臂。这样可以增大电桥的不平衡程度，提高输出电压，从而提高测量的灵敏度。在实际应用中，利用电桥的这一特性合理组桥，可以显著增加电桥的灵敏度。

1.1.1.4 电阻应变式传感器的应用

在实际应用中，通常将电阻应变片粘贴在被测构件上，直接用来测定构件在工作状态下的应力和形变情况。另外，也可将电阻应变片贴于弹性元件上，与弹性元件一起构成应变式传感器，用来测量力、压强、加速度等参数。

1. 应变式力传感器

应变式力传感器常见的结构有悬臂梁式和柱式等。例如，商用电子秤常采用悬臂梁式传感器，而电子汽车秤则通常采用柱式传感器。

（1）商用电子秤

在商用电子秤中，传感器主要由悬臂梁和粘贴在悬臂梁上的电阻应变片构成，如图1-7所示。其中，悬臂梁是敏感元件，电阻应变片是转换元件。

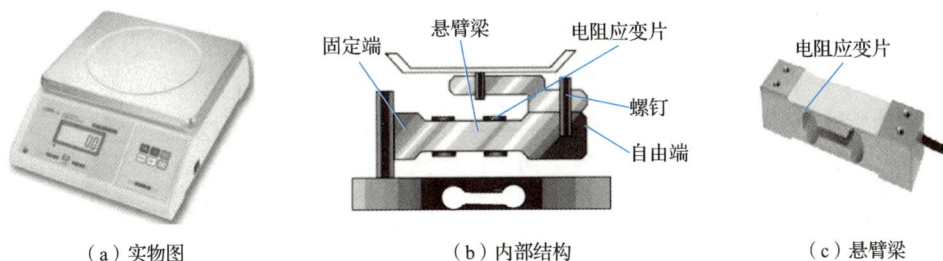

（a）实物图　　　　　　（b）内部结构　　　　　　（c）悬臂梁

图 1-7　商用电子秤外形及传感器结构

悬臂梁一端固定，一端悬空，在悬臂梁的上下两侧分别贴有两片电阻应变片。当被测物放置在电子秤托盘上时，悬臂梁因受到压力而向下弯曲，导致上下两侧的电阻应变片产生相反的应变。上侧电阻应变片被拉伸，电阻增大；下侧电阻应变片被压缩，电阻减小。将4片电阻应变片正确接入电桥测量电路，可构成全桥电路。全桥电路能够将电阻应变片电阻值的变化转换为电压输出，由输出电压的大小反映被称物体的质量。

悬臂梁式传感器具有结构简单、电阻应变片容易粘贴及高灵敏度等特点。

（2）电子汽车秤

柱式传感器是称重测量中应用较为广泛的一种传感器，特别是在电子汽车称重系统（图1-8）中。

安装在秤台底部的柱式称重传感器如图1-9所示。由图1-9（c）可以看出，在钢制圆筒上的纵向和横向贴有4块电阻应变片，标记为 $R_1 \sim R_4$，这4块电阻应变片构成全桥测量电路，以确保电桥的灵敏度最大。4块电阻应变片构成的电桥电路如图1-9（d）所示。

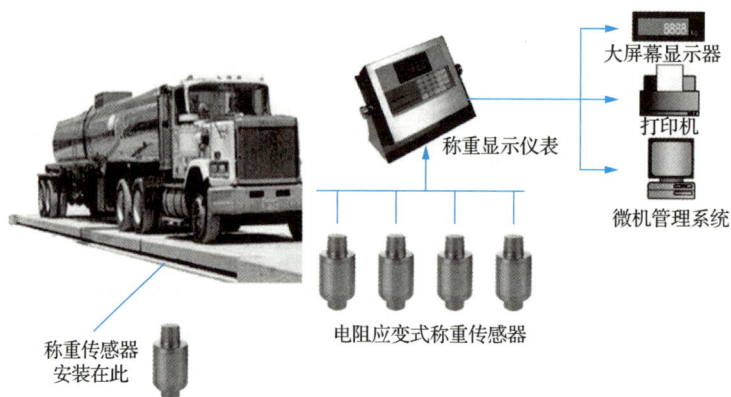

图 1-8 电子汽车称重系统

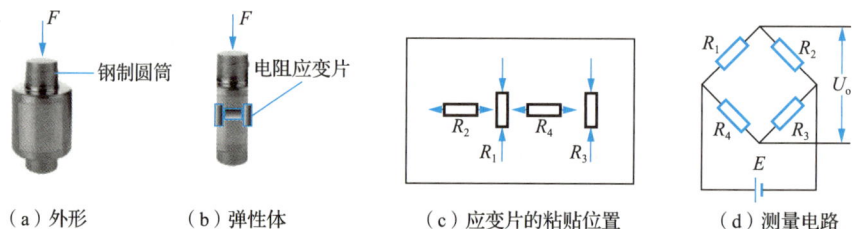

（a）外形 （b）弹性体 （c）应变片的粘贴位置 （d）测量电路

图 1-9 柱式称重传感器

当载重汽车驶于秤台上时，重力传递至秤台下方的柱式称重传感器。这时传感器的钢制圆筒受到轴向的挤压和横向的膨胀，导致 R_1 和 R_3 被压缩，电阻减小；R_2 和 R_4 被拉伸，电阻增大。因此，电桥电路失去平衡，输出与应变量成比例的电信号。该信号经放大器处理后，称重显示仪表和大屏幕显示器显示被测汽车的质量。同时，数据被输入微机管理系统进行综合管理。

2. 应变式压力传感器

应变式压力传感器实际上是用于检测压强的传感器，常见的结构包括筒式和膜盒式等。

（1）筒式压力传感器

筒式压力传感器的外形与结构如图 1-10 所示。它的一端为不通孔（盲孔），另一端与被测系统连接。电阻应变片粘贴在筒的外部弹性元件上，工作应变片"1"粘贴在筒的空心部分，温度补偿片"2"粘贴在筒的实心部分。

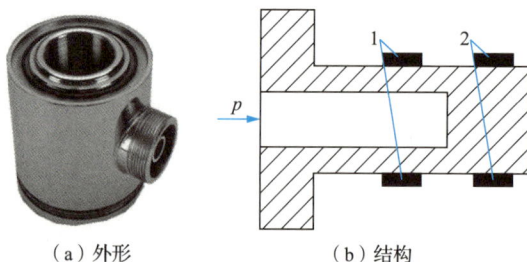

（a）外形 （b）结构

图 1-10 筒式压力传感器的外形与结构

工作时，筒式压力传感器的空心部分受到外界压力的作用，导致筒体内部发生变形。这会使粘贴在筒体上的工作应变片产生变形，进而改变其电阻值，使原本由工作应变片和温度补偿片构成的电桥失去平衡，输出电压发生改变。与此同时，由于温度补偿片粘贴在实心部分，没有发生变形，因此有效地补偿了温度对传感器的影响。筒式压力传感器具有结构简单、适应性强的特点，通常用于测量 $10^4 \sim 10^7 \mathrm{Pa}$ 范围内的压强。

（2）膜盒式压力传感器

膜盒式压力传感器的外形与结构如图 1-11 所示，它以周边固定的圆形金属膜片作为弹性敏感元件。当膜片受到压力作用时，膜片的另一面产生径向应变 ε_r 和切向应变 ε_i，在压缩应变最大处粘贴有电阻应变片 R_2、R_3，在拉伸应变最大处粘贴有电阻应变片 R_1、R_4。这 4 块电阻应变片组成全桥电路，以提高传感器的灵敏度。膜盒式压力传感器通常用于测量 $10^5 \sim 10^6 \mathrm{Pa}$ 范围内的压强。

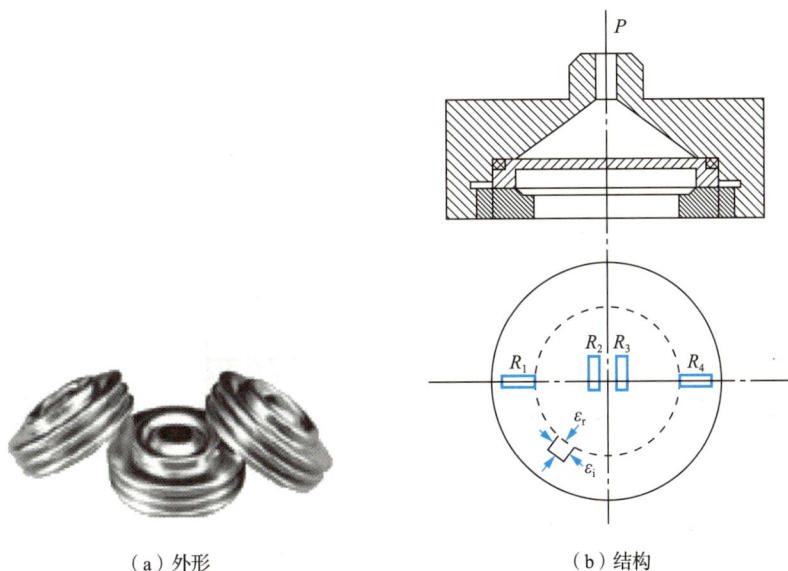

（a）外形　　　　（b）结构

图 1-11 膜盒式压力传感器的外形与结构

1.1.2 任务实施：质量检测电路的组装与调试

1.1.2.1 实训器材

本工作任务是进行质量检测电路的组装与调试，所用实训器材如表 1-3 所示。

表 1-3 组装与调试质量检测电路所用实训器材清单

工具	电烙铁、螺钉旋具、镊子
仪表及设备	数字万用表、电源
器材	质量检测电路套件、焊锡丝、导线

1.1.2.2　电路组成

质量检测电路由称重传感器、A/D 转换器、8051 单片机、按键电路、LED（light emitting diode，发光二极管）显示器等部分组成，如图 1-12 所示。

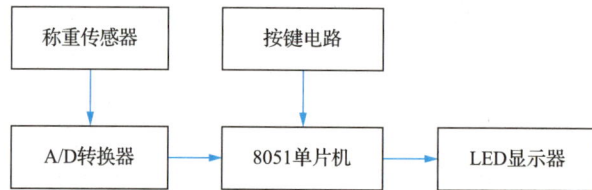

图 1-12　质量检测电路框图

1.1.2.3　托盘安装

1. 托盘散件

托盘由顶部支架、底部支架、上垫片、下垫片、底部垫脚及螺钉等组成，具体如图 1-13 所示。

   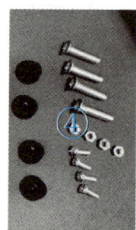

（a）顶部支架　　　　　（b）底部支架　　　　　（c）上、下垫片　　　　（d）底部垫脚及螺钉

图 1-13　托盘散件

2. 组装方法

将底部垫脚安装在底部支架下方，将下垫片放置在底部支架上方。将称重传感器靠引线一端放在下垫片上（注意传感器方向，通常在传感器侧边有箭头标识，箭头向上），并用专用螺钉固定。在传感器另一端上方放置上垫片，在上垫片上面放置顶部支架，并用专用螺钉固定。托盘组装示意图如图 1-14 所示。

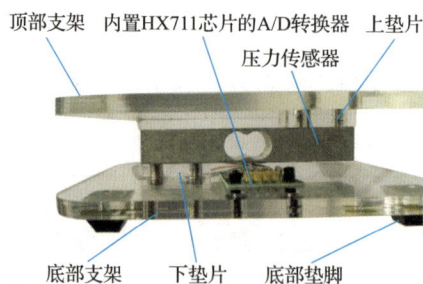

图 1-14　托盘组装示意图

1.1.2.4　电路组装与调试

1. 元器件清单

质量检测电路包括万用板、单片机、电容、电阻等，具体如表 1-4 所示。

表 1-4　质量检测电路元器件清单

名称	数量	名称	数量	名称	数量
7×9 万用板	1	四位一体共阳数码管	1	A/D 转换器（内置 HX711 芯片）	1
STC89C51 单片机	1	5V 有源蜂鸣器	1	4P 单排母座	1
40 脚 IC 座	1	9012 晶体管	5	6P 单排母座	1
12MHz 晶振	1	φ5mm 红色 LED	1	压力传感器	1
30pF 瓷片电容	2	按键	4	自锁开关	1
10μF 电解电容	1	10kΩ 电阻	3	DC 电源插座	1
100μF 电解电容	1	2.2kΩ 电阻	6	USB 电源线	1

2. 电路原理图

在质量检测电路中单片机的 P3 端口用于按键输入，P2 端口用于数码管的位选输出，P0 端口用于数码管的段选输出，而传感电路接到 P1 端口。具体如图 1-15 所示。

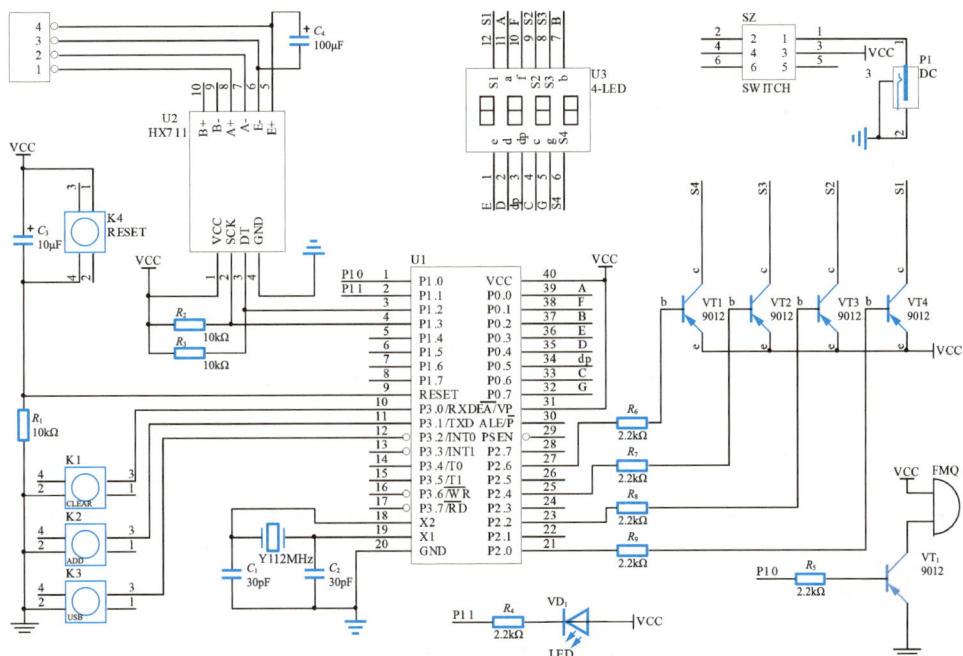

图 1-15　质量检测电路原理图

称重传感器感应被测重力，并输出微弱的毫伏级电压信号，该电压信号经过电子秤专用模拟/数字（A/D）转换芯片 HX711 调理转换，通过 2 线串行方式与单片机通信。单片机读取被测数据后进行计算转换，并驱动数码管显示质量。

按键功能说明如下：K4 为复位按键，按下单片机重新启动；K2 为校准"加"按键；K3 为校准"减"按键；K1 键为去皮按键。

3. 组装与调试

连接传感器和电源线，打开自锁开关，待开机正常显示数值后（开机时保证传感器上没有物体，并保持稳定），将一个 100g 砝码放到传感器上，观察数码管显示的数值。

① 如果数值大于 100，按校准值"减"键 K3（长按可快速减），直到数值显示为 100；

② 如果数值小于 100，按校准值"加"键 K2（长按可快速加），直到数值显示为 100。

拿下砝码，数值应显示为 0，如果不为 0，按一下复位按键 K4，然后重新放上 100g 砝码，再按照上述步骤进行校准，校准后，设置将自动保存到单片机的 EEPROM（electrically erasable programmable read-only memory，电可擦可编程只读存储器），下次开机时无须再次校准。

1.1.3 　学习评价

本工作任务的学习成果评价表如表 1-5 所示。

表 1-5 　学习成果评价表

序号	考核内容	分值	评分要素	自评	互评	师评
1	小组准备	10	小组分工明确，能够对学习任务内容及实施步骤进行精心准备			
2	知识运用	30	对知识的理解到位，并能熟练、准确地运用所学知识完成实践任务			
3	成果展示与任务报告	20	成果展示内容丰富、语言规范，实践活动报告结构完整、观点正确			
4	学习态度与课堂纪律	15	学习积极主动、态度认真，遵守教学秩序			
5	自主学习与动手能力	10	具有探究精神、自学意识和较强的动手能力，善于发现问题			
6	团队配合	15	团队意识强，小组成员配合默契，问题解决及时			

综合评价：

教师或导师签字：

知识拓展

温度误差与温度补偿

1. 温度误差

在实际的测量电路中，电阻应变片的电阻值不仅会因应力的作用而改变，还会因温度的变化而改变，这会导致测量结果出现误差。这种由于温度变化引起的误差称为温度误差。温度误差主要来源于电阻温度系数的影响，以及试件材料与电阻丝材料的线胀系数的不同。

2．温度补偿

为了避免温度误差对测量结果的影响，提高测量准确度，可以采用温度补偿的方法。电阻应变片的温度补偿一般有两种方法：电桥补偿法和自补偿法。

（1）电桥补偿法

电桥补偿法是依据电桥的工作原理来实现的。在某些情况下，可以通过巧妙地安装电阻应变片实现温度补偿并提高灵敏度。

如图 1-16 所示，当测量梁的弯曲应变时，将两块电阻应变片对称地粘贴在梁的上下两面，R_1 与 R_B 特性相同，但感受到的应变性质相反，一个感受拉应变，另一个感受压应变。将 R_1 与 R_B 接入电桥相邻两臂，则电桥输出电压比只用 R_1 组成惠斯通电桥时增加一倍。由 $R_1R = R_BR$ 可得，当梁上下两面温度一致时，R_B 对 R_1 还可起温度补偿作用。

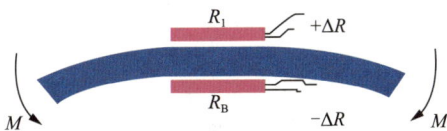

图 1-16　电桥补偿法示意图

电桥补偿法简易可行，使用普通电阻应变片即可对各种试件材料在较大温度范围内进行补偿，因而最为常用。

（2）自补偿法

自补偿法是利用自身具有温度补偿作用的电阻应变片来实现的，这种电阻应变片称为温度自补偿应变片。

工作任务 1.2

大气压检测——压电式传感器

【核心概念】

压电式传感器：依据正压电效应，通过压电元件将被测量变化转换成电荷或电压变化的传感器。

【学习目标】

1．了解压电材料及压电式传感器的应用。

2．理解压电式传感器的工作原理及测量电路的基本原理。

3．能对气压检测电路进行正确的组装与调试。

在大气层中的物体都会受到空气分子撞击产生的压力，单位面积上所受的这个压力称为大气压。大气压是随高度变化的，海拔越高，大气压越小。气象科学中的气压，是指大气柱在单位面积上施加的压力。天气变化与大气压、湿度和温度有关，其中与大气压的关系更为密切，因此可以通过监测大气压来预报天气。

```
问题导入

    我们生活中哪些地方会用到气压的检测呢？
```

1.2.1　知识准备：压电式传感器及其应用

1.2.1.1　压电式传感器

1. 压电效应

某些电介质在受到特定方向的外力而变形时，内部会产生极化现象，在其两个相对表面上会出现大小相等、符号相反的电荷。改变外力方向时，电荷的符号也随之改变，且电荷量与外力大小成正比；当外力去除后，电介质恢复到不带电状态。这种现象称为正压电效应，如图 1-17 所示。

微课：压电式
传感器

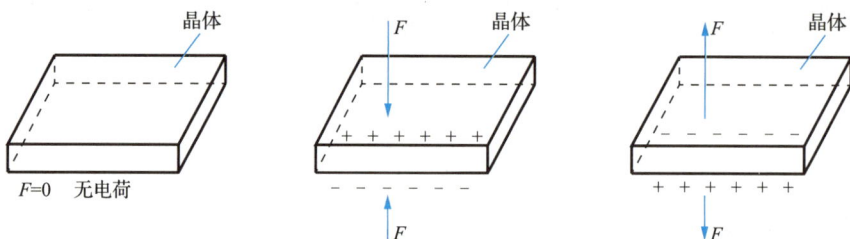

图 1-17　正压电效应

相反，若在电介质的极化方向上施加交变电场，电介质在交变电场的作用下会产生机械振动。当加电场去除时，电介质的振动也随之消失。这种现象称为逆压电效应。正压电效应和逆压电效应统称为压电效应，具有压电效应的材料称为压电材料。压电材料能实现机械能和电能的相互转换，如图 1-18 所示。

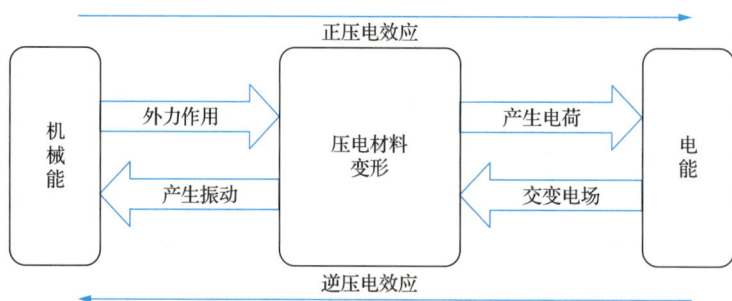

图 1-18　压电效应可逆性

2. 压电式传感器的结构及工作原理

压电式传感器的结构很简单，其核心部件是由压电材料制成的压电元件。图 1-19 所示为压电式爆震传感器的结构示意图，其中压电元件既是敏感元件，又是转换元件。

压电式传感器基于正压电效应，通过压电元件将被测量的变化转换为电信号的变化。其工作原理框图如图 1-20 所示。

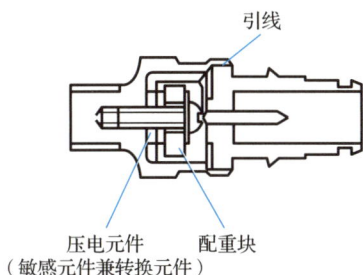

图 1-19　压电式爆震传感器的结构示意图

图 1-20　压电式传感器的工作原理框图

3. 压电材料

压电材料是压电式传感器的压电元件的构成材料，选择合适的压电材料是设计高性能传感器的关键。在选择压电材料时，需要考虑的因素包括转换性能、力学性能、电性能、环境适应性和时间稳定性等。其主要特性参数如表 1-6 所示。

表 1-6　压电材料的主要特性参数

名称	内容
压电常数 d	衡量材料压电效应强弱的参数，它直接关系到压电输出的灵敏度
居里点温度	压电材料开始丧失压电特性的温度称为居里点温度
介电常数 ε_r	决定固有电容的大小

自然界中具有压电效应的材料有很多，常用的有石英晶体（单晶体）、经过极化处理的压电陶瓷（多晶体）和高分子压电材料。

（1）石英晶体

石英晶体是一种性能良好的压电晶体，分为天然形成和人工培养两种。天然形成的石英晶体外形如图 1-21 所示。石英晶体的显著优点是性能稳定、机械强度高、绝缘性能好、重复性好、线性范围宽等；其缺点是灵敏度低、压电常数小。因此，石英晶体主要用在标准传感器、高准确度传感器或高温环境下传感器中。

图 1-21　天然形成的石英晶体外形

（2）压电陶瓷

压电陶瓷是人工制造的多晶体压电材料，其晶粒内有许多自发极化的电畴，它有一定的极化方向，但是在极化处理之前，这些电畴杂乱分布，自发极化效应相互抵消，不具备压电性质，如图 1-22（a）所示。

当在陶瓷上施加外电场时，电畴的极化方向发生转动，趋于外电场的方向排列，从而使材料得到极化，如图 1-22（b）所示。

目前使用较多的压电陶瓷材料是锆钛酸铅（PZT）系列，其居里点在 300℃以上，具有稳定的性能、较高的介电常数和压电系数。压电陶瓷价格低廉、灵敏度高、机械强度高，常用于测力和测振动的传感器。

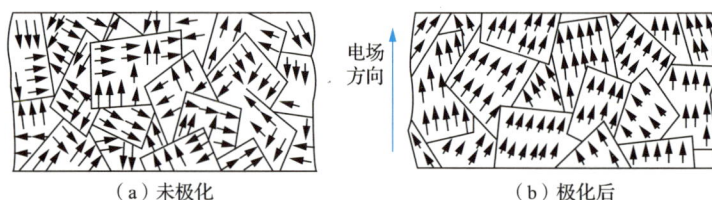

（a）未极化   （b）极化后

图 1-22 压电陶瓷

（3）压电高分子材料

高分子压电材料的工作温度一般低于 100℃，温度升高会导致其灵敏度降低。因此，高分子压电材料常用于对测量准确度要求不高的场合，如水声测量、防盗和振动测量等。

1.2.1.2 压电式传感器的测量电路

1. 压电式传感器的等效电路

当压电式传感器受到沿其敏感轴向的外力作用时，会在两电极产生极性相反的电荷，因此它相当于一个电荷源（静电发生器）；由于压电晶体是绝缘体，当它的两极表面聚集电荷时，它又相当于一个电容器。因此，压电式传感器可以等效成一个电容和一个电压源串联的等效电路，如图 1-23（a）所示；压电式传感器也可以等效成一个电容和一个电荷源并联的等效电路，如图 1-23（b）所示。

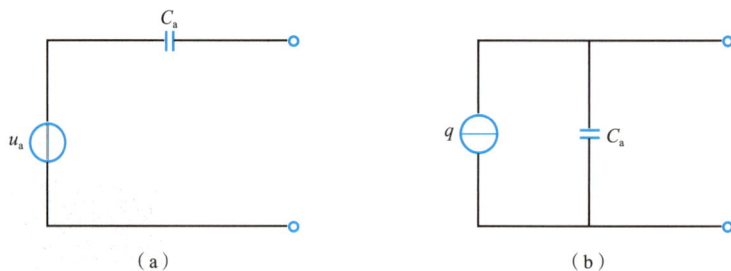

（a）   （b）

图 1-23 压电式传感器的等效电路

电容器上的电压 U_a、电荷量 q 和电容量 C_a 三者关系为

$$U_a = \frac{q}{C_a} \tag{1-2}$$

在实际使用时，压电式传感器通常要与测量仪器或测量电路相连接，因此还需考虑连接电缆的等效电容 C_c、放大器的输入电阻 R_i、输入电容 C_i 及压电式传感器的泄漏电阻 R_a。因此，压电式传感器在测量系统中的实际等效电路如图 1-24 所示。

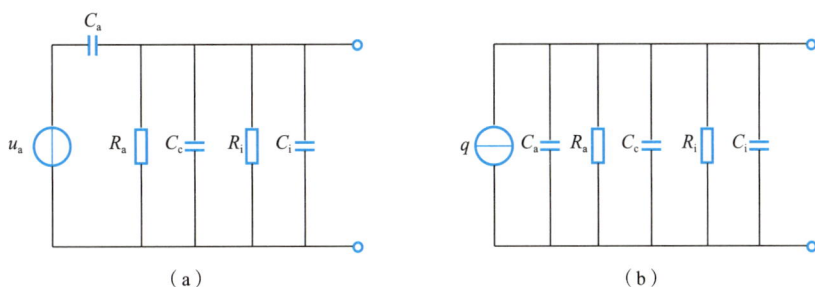

图 1-24　压电式传感器的实际等效电路

2. 压电式传感器的测量电路

压电式传感器本身具有较高的内阻抗和较小的输出能量，因此通常需要连接一个高输入阻抗的前置放大器作为测量电路。其作用主要有两个方面：一是把传感器的高输出阻抗转换为低输出阻抗；二是把传感器输出的微弱信号进行放大。压电式传感器的输出可以是电压信号，也可以是电荷信号。因此，前置放大器也有两种形式，即电压放大器和电荷放大器。

（1）电压放大器（阻抗变换器）

压电式传感器的电压放大器电路如图 1-25 所示。

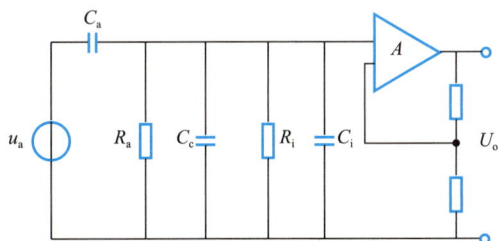

图 1-25　压电式传感器的电压放大器电路

压电式传感器有很好的高频响应，但是当作用于压电元件上的力为静态力时，前置放大器的输出电压等于零，因此压电式传感器不能用于静态力的测量。

（2）电荷放大器

电荷放大器由一个反馈电容 C_f 和高增益运算放大器构成，如图 1-26 所示。

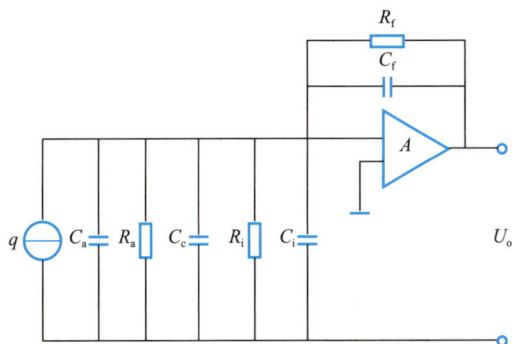

图 1-26　压电式传感器的电荷放大器

由于运算放大器的输入阻抗极高，放大器输入端几乎没有分流，因此电荷放大器的输出电压为

$$U_{\mathrm{o}} \approx -\frac{q}{C_{\mathrm{f}}} \qquad (1\text{-}3)$$

根据式（1-3）可以看出，输出电压 U_{o} 与反馈电容 C_{f} 成反比，与压电元件产生的电荷量 q 成正比，而与电缆电容 C_{c} 无关。由于电压放大器的输出电压与电缆电容无关，故配接电缆长度不受限，由此目前多采用电荷放大器。为了确保达到必要的测量准确度，要求反馈电容 C_{f} 在温度和时间上具有良好的稳定性。

1.2.1.3　压电式传感器的应用

压电式传感器具有使用频带宽、灵敏度高、结构简单、工作可靠等优点，但不适用于静态力的测量，主要用于加速度、动态力或压力的测量。常见的压电式传感器包括压电式玻璃破碎传感器、压电式加速度传感器和压电式单向测力传感器等。

微课：压电式
传感器的应用

1. 压电式玻璃破碎传感器及应用

压电式玻璃破碎传感器常用于玻璃破碎报警电路。压电式玻璃破碎传感器实物和玻璃破碎报警器电路分别如图 1-27 和图 1-28 所示。

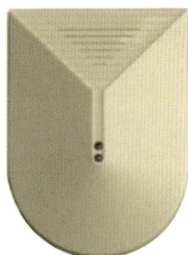

图 1-27　压电式玻璃破碎
　　　　　传感器实物图

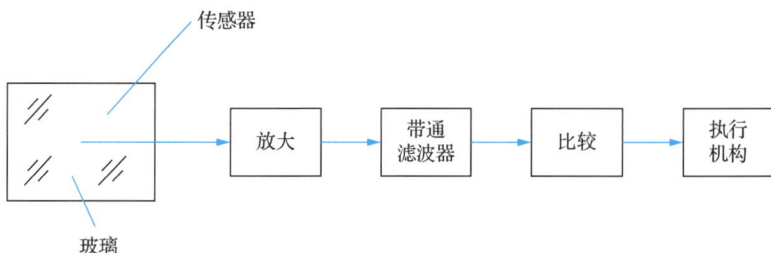

图 1-28　压电式玻璃破碎报警器电路框图

压电式玻璃破碎传感器中的微音器安装在面对玻璃面的位置。由于玻璃破碎传感器检测到的信号很微弱，需要经过放大处理。为避免受到玻璃本身振动的影响而误报警，电路中引入了带通滤波器。这样可以有效地检测高频的玻璃破碎声音并进行相应的处理。

2. 压电式加速度传感器

压电式加速度传感器是一种常用的加速度计，因具有固有频率高、高频响应好、结构简单、工作可靠、安装方便等优点，在振动与冲击测试技术中得到广泛应用。其实物图和内部结构如图 1-29 所示。

该传感器将压电元件、质量块、弹簧系统装在圆形中心支柱上，支柱与基座连接。当传感器随被测物体做加速度运动时，壳体和基座随之运动，质量块由于惯性保持静止，从而相对于壳体发生位移。这使得压电元件受到力的作用，产生与加速度成正比的电荷。经前置放大器处理后，可测得被测加速度的大小。

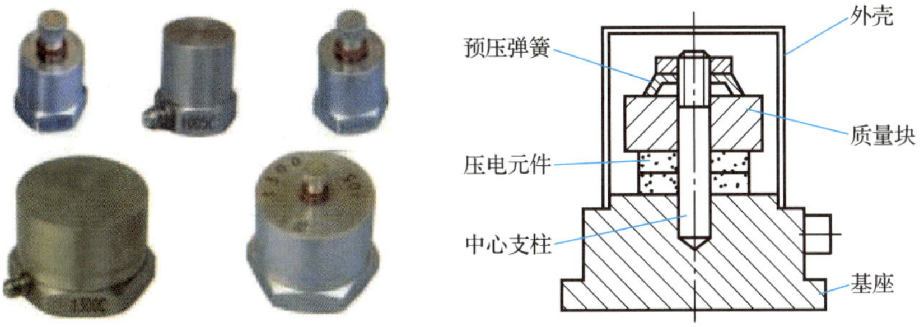

（a）实物图	（b）内部结构

图 1-29　压电式加速度传感器实物图及内部结构

在现代生产生活中，压电式加速度传感器被广泛应用于多个领域。例如，它们用于计算机的硬盘抗摔保护，确保硬盘在跌落时不被损坏；在数码相机和摄像机中，加速度传感器可以检测到拍摄时手部的振动，并根据这些振动自动调节相机的聚焦。此外，压电式加速度传感器还应用于汽车安全气囊和防抱死系统，以提高车辆的安全性能。

3. 压电式单向测力传感器

压电式单向测力传感器主要用于机床动态切削力的测量，其实物图和内部结构如图 1-30 所示。

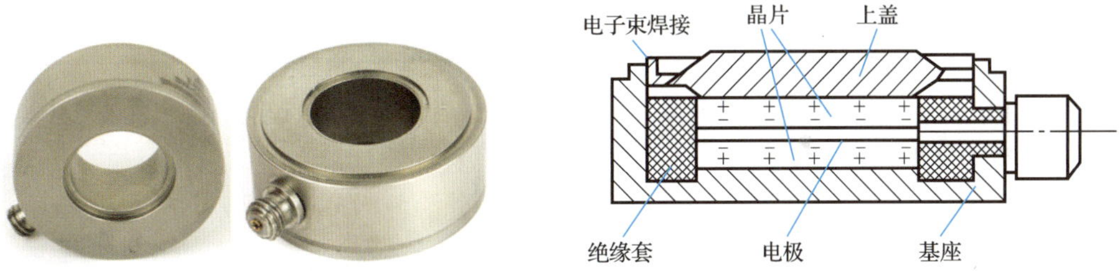

（a）实物图	（b）内部结构

图 1-30　压电式单向测力传感器实物图及内部结构

压电式单向测力传感器的晶片为石英晶片，上盖作为传力元件，绝缘套用于电气绝缘和定位。当被测力通过上盖作用于石英晶片时，石英晶片产生电荷，且压力越大产生的电荷越多。前置放大器将这些电荷变化转换成电压变化，并输出电压值，根据输出的电压可知被测压力的大小。为提高绝缘阻抗，传感器在装配前需要经过多次净化，并在超净工作环境中进行装配，加盖之后用电子束封焊。

1.2.2　任务实施：气压检测电路组装与调试

1.2.2.1　实训器材

本工作任务是进行气压检测电路的组装与调试，所用实训器材如表 1-7 所示。

表 1-7　组装与调试气压检测电路所用实训器材清单

工具	电烙铁、螺钉旋具、镊子
仪表及设备	数字万用表、电源
器材	气压检测电路套件、焊锡丝、导线等

1.2.2.2　电路组成

气压检测电路由压力传感器、A/D 转换器、单片机控制器、显示电路、电源电路等部分组成，如图 1-31 所示。

图 1-31　气压检测电路

压力传感器将气压转换成模拟电信号，并通过 A/D 转换器将该模拟信号转换成数字信号。然后数字信号被传递到单片机中处理，最终通过显示电路将气压强度显示出来。

1.2.2.3　传感器的选用

本电路采用 MPX4115 压力传感器，其工作范围为 15～115kPa，输出的模拟信号电压为 0.2～4.8V。该传感器具有集成度高、质量小、测量准确、响应速度快等优点。MPX4115 压力传感器的外形和内部结构如图 1-32 所示。

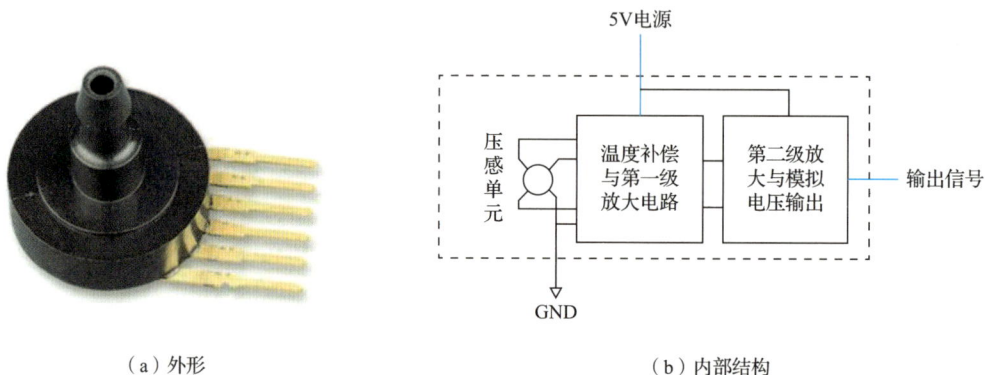

（a）外形　　　　　　　　　　　　　（b）内部结构

图 1-32　MPX4115 压力传感器外形和内部结构

1.2.2.4　电路组装与调试

1. 元器件清单

气压检测电路包括万用板、单片机、MPX4115 压力传感器、数码管等，具体如表 1-8 所示。

表 1-8　气压检测电路元器件清单

名称	数量	名称	数量	名称	数量
7×9 万用板	1	四位一体共阳数码管	1	5.1kΩ 电阻	1
AT89C51 单片机	1	A/D 转换器 ADC0832	1	MPX4115 压力传感器	1
40 脚 IC 座	1	74HC04	1	DC 电源插座	1
50pF 瓷片电容	1	300 排阻	1		

2. 电路原理图

在气压检测电路中，单片机的 P1 端口低四位用于数码管的位选输出，P0 端口用于数码管的段选输出，单片机的 P2.0、P3.6、P3.7 端口分别用于连接 A/D 转换器 ADC0832 的 $\overline{CS}$、CLK、D1 引脚。具体如图 1-33 所示。

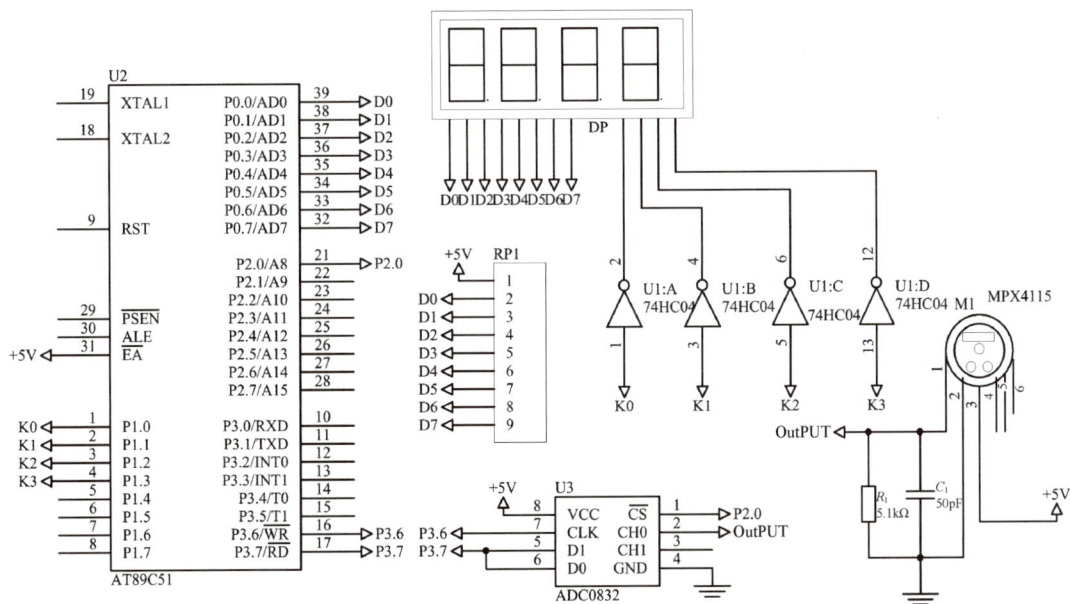

图 1-33　气压检测电路原理图

3. 组装与调试

气压检测电路采用全集成设计，只要电路组装正确、程序下载无误，电路就能正常工作。

1.2.3 学习评价

本工作任务的学习成果评价表如表 1-9 所示。

表 1-9 学习成果评价表

序号	考核内容	分值	评分要素	自评	互评	师评
1	小组准备	10	小组分工明确，能够对学习任务内容及实施步骤进行精心准备			
2	知识运用	30	对知识的理解到位，并能熟练、准确地运用所学知识完成实践任务			
3	成果展示与任务报告	20	成果展示内容丰富、语言规范，实践活动报告结构完整、观点正确			
4	学习态度与课堂纪律	15	学习积极主动、态度认真，遵守教学秩序			
5	自主学习与动手能力	10	具有探究精神、自学意识和较强的动手能力，善于发现问题			
6	团队配合	15	团队意识强，小组成员配合默契，问题解决及时			

综合评价：

教师或导师签字：

知识拓展

单片集成硅压力传感器

单片集成硅压力传感器又称扩散硅压力传感器。常见的单片集成硅压力传感器实物如图 1-34 所示。

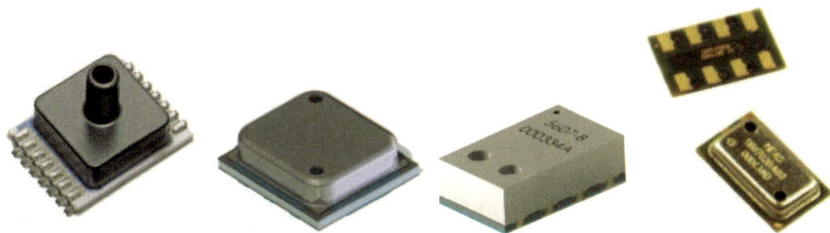

图 1-34 常见的单片集成硅压力传感器实物图

单片集成硅压力传感器是基于半导体材料的压阻效应制成的。当力作用于硅晶体时，晶体的晶格产生变形，导致载流子迁移率发生变化，从而使硅的电阻率改变，其结构如图 1-35 所示。

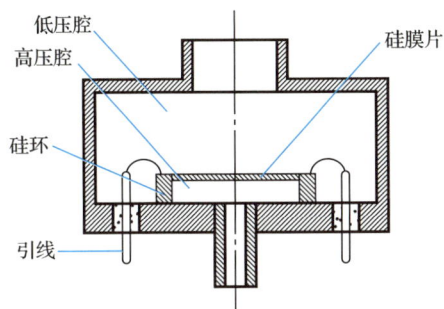

图 1-35　单片集成硅压力传感器的结构示意图

硅膜片的特定方向上设置了 4 个连接成全桥的等值电阻。硅膜片的一面是与被测压力连通的高压腔，另一面是与大气连通的低压腔。当膜片两边存在压力差而发生形变时，膜片各点产生应力，使扩散电阻的阻值发生变化，电桥失去平衡，输出相应的电压。该电压的大小直接反映了所受压力的差值。

学 习 小 结

工作任务 1.1 主要介绍了电阻应变式传感器的结构、原理、常用的电阻应变片、测量电路、应用及质量检测电路的组装与调试。

电阻应变式传感器主要由弹性敏感元件和电阻应变片组成，其主要工作原理是电阻应变效应。电阻应变效应是导体或半导体材料在外力作用下产生机械形变时，其电阻值也会发生相应变化的现象。

根据材料不同，电阻应变片可分为金属电阻应变片和半导体电阻应变片。常用的金属电阻应变片有丝式和箔式两种。康铜是目前应用较广泛的一种电阻应变片材料。

电桥测量电路的包括惠斯通电桥、开尔文电桥和全桥三种类型。其中全桥的灵敏度最高。

工作任务 1.2 主要介绍了压电式传感器的结构、原理、压电材料、常见压电传感器的应用及气压检测电路。

压电式传感器的核心部件是由压电材料制成的压电元件传感器。压电式传感器基于压电效应实现机械能和电能的互相转换。常见的压电材料有石英晶体、压电陶瓷和压电高分子材料。

压电式传感器的测量电路中，前置放大器包括电压放大器和电荷放大器两种形式。

压电式传感器不适用于静态力的测量，主要用于加速度、动态力或压力的测量。常见的压电式传感器包括压电式玻璃破碎传感器、压电式加速度传感器和压电式单向测力传感器等。

气压检测电路主要由压力传感器、A/D 转换器、单片机控制器、显示电路、电源电路等部分组成。

————————————————————— 直 击 工 考 —————————————————————

一、填空题

1．电阻应变式传感器主要是由_____和_____组成。

2．金属电阻应变片主要由_____、_____、_____和_____构成。

3．根据材料的不同，电阻应变片可分为_____电阻应变片和_____电阻应变片；目前_____为应用较广泛的一种电阻应变片材料。

4．根据电桥桥臂上电阻应变片接入情况的不同，电桥可分为_____、_____和_____三种类型。其中_____的灵敏度最高。

5．某些电介质，当沿着一定方向对其施力而使它变形时，在它的两个相对表面上出现符号相反的束缚电荷；当外力去除后，电介质恢复到不带电状态。这种现象称为_____。

6．石英晶体是一种性能良好的_____晶体，分为天然形成和人工培养两种。

7．压电式传感器可以等效成一个_____和一个电压源串联的等效电路。

8．压电式传感器具有使用频带宽、灵敏度高、结构简单、工作可靠等优点，但不适用于静态力的测量，主要用于_____、_____或压力的测量。

二、简答题

1．什么是电阻应变效应？

2．金属箔式电阻应变片较金属丝式电阻应变片有哪些优点？

3．简述商用电子秤的工作原理。

4．简述筒式压力传感器的工作原理。

5．自然界中具有压电效应的材料有哪些？

6．简述 MPX4115 压力传感器的特点。

7．画出压电式传感器的等效电路。

2 工作领域

温度的检测

【内容导读】

温度与人们的日常生活息息相关，同时也是工业自动化生产过程中重要的检测参数之一。温度传感器能感知温度并将其转换为可用的输出信号，是温度测量仪表的关键组成部分。温度传感器品种繁多。常用的温度传感器有热电偶、半导体热敏电阻和金属热电阻。本工作领域重点介绍热电偶传感器、热敏电阻的工作原理和应用。

【学习目标】

知识目标

1. 了解温度传感器的主要类型。
2. 理解热电偶传感器、热敏电阻的结构和基本工作原理。
3. 理解热电偶传感器、热敏电阻的测量电路。
4. 了解热电偶传感器、热敏电阻的应用。

能力目标

1. 能正确选择并熟练使用通用的仪器仪表及辅助设备。
2. 能进行热电偶的制作及温度检测电路的组装与调试。

思政目标

1. 培养专注、细致、严谨、负责的工作态度。
2. 树立效率意识、质量意识，精益求精、讲求实效。

工作任务 2.1

加热炉温度检测——热电偶传感器

【核心概念】

热电偶：直接测量温度，并把温度信号转换成热电动势信号，通过电气仪表转换成被测介质温度的一种感温元件。

热电偶传感器：以热电偶为感温元件，监测温度变化的传感器。

【学习目标】

1. 了解热电偶传感器的组成、类型及应用。
2. 理解热电偶传感器及测量电路的工作原理。
3. 能制作热电偶并进行性能检测。

加热炉是轧钢车间的重要工艺设备，其炉内加热过程的温度取决于加热钢种和产品的用途。不同的工艺对温度的要求各有不同，因此需要对温度进行精确测量。针对冶金加热炉的温度测量需求，常选择热电偶作为温度检测器。本工作任务旨在通过制作简易的热电偶传感器，深入了解热电偶传感器的基本工作原理。

问题导入

在日常生活中，常用水银温度计进行温度测量。那么在工业或高温环境中，应该采哪种测温仪器呢？

2.1.1　知识准备：热电偶传感器结构、原理及应用

2.1.1.1　热电偶传感器的结构和原理

1. 热电偶传感器的结构

热电偶传感器是一种能将传感器两端温度差转换为热电动势的传感器。其基本结构包括热电偶丝材、绝缘管、保护管和接线盒等，其结构示意图如图 2-1 所示。

微课：热电偶
传感器组成、
原理及应用

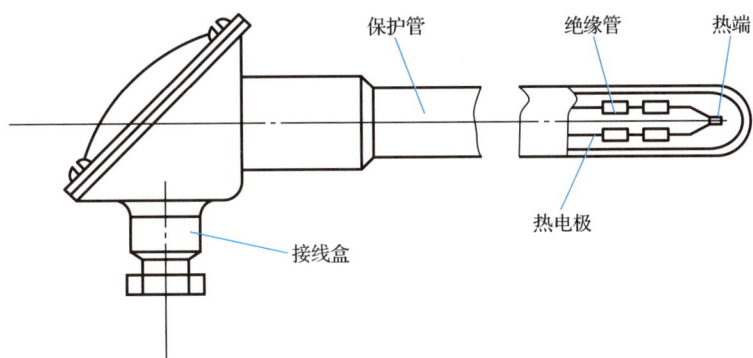

图 2-1　热电偶传感器的结构示意图

2. 热电偶传感器的基本原理

两种不同材料的导体（称为热电极）两端分别连接，形成一个闭合回路，当两个接合点的温度不同时，在回路中就会产生电动势。这种现象称为热电效应，其产生的电动势称为热电动势（简称热电势）。利用这种效应，只要知道其中一端结点的温度，并测出热电偶产生的热电势，就可以得出另一端结点的温度。在热电偶中，直接用作测量介质温度的一端称为工作端（也称热端、测量端），另一端称为基准端（也称冷端、补偿端）。

热电偶产生的热电势的大小不仅与两种导体的材料性质有关，还与结点温度有关，因此热电偶产生热电势的必要条件如下：一是两个热电极材料不同，二是在冷端和热端之间存在温度差。在实际应用中，通常不测量回路电流，而是测量开路电压。

热电偶传感器的工作原理示意图如图 2-2 所示。在工业应用中，一般以 0℃ 为基准端温度，通过测量热电势来确定被测温度的数值。

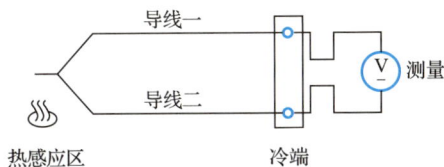

图 2-2　热电偶传感器的工作原理示意图

2.1.1.2　热电偶传感器的主要类型

1. 按照热电偶的材料分类

国际计量委员会制定的《1990 年国际温标》的标准，规定了几种通用热电偶，其相关的特性如表 2-1 所示。

表 2-1　热电偶的材料分类

类型	铂铑 10-铂 热电偶	铂铑 30-铂铑 6 热电偶	镍铬-镍硅 热电偶	镍铬-康铜 热电偶
分度号	S	B	K	E

续表

类型	铂铑 10-铂热电偶	铂铑 30-铂铑 6热电偶	镍铬-镍硅热电偶	镍铬-康铜热电偶
材料	正极用铂铑合金丝（90%铂和10%铑），负极用纯铂丝	正极用铂铑合金（70%铂和30%铑），负极用铂铑合金（94%铂和6%铑）	正极用镍铬合金，负极用镍硅合金	正极用镍铬合金，负极用康铜
测温范围	0～1600℃	0～1700℃	−200～+1200℃	−200～+900℃
特点	优点是热电特性稳定，准确度高，熔点高。缺点是热电势较低，价格昂贵，不能用于金属蒸气和还原性气体中	除具有 S 型热电偶的优点外，还具有无须使用补偿导线进行温度补偿的优点。缺点与 S 型热电偶相同	优点是测温范围宽，热电势与温度近似成线性关系，热电势大，价格低廉。缺点是热电势的稳定性较差	优点是热电势较大，线性度好，价格低廉。缺点是不能用于高温测量

当热电偶基准端（冷端）温度为 0℃时，其工作端（热端）温度与输出热电势之间对应关系的表格称为热电偶的分度表。不同类型的热电偶具有不同的分度表，K 型热电偶的分度表如表 2-2 所示。直接从热电偶的分度表中查找温度与热电势的关系时，必须确保基准端（冷端）的温度为 0℃。

表 2-2　K 型热电偶分度表

温度单位：℃ ，电压单位：mV，参考温度点：0℃（冰点）

温度	0	−10	−20	−30	−40	−50	−60	−70	−80	−90	−95	−100
−200	−5.8914	−6.0346	−6.1584	−6.2618	−6.3438	−6.4036	−6.4411	−6.4577				
−100	−3.5536	−3.8523	−4.1382	−4.4106	−4.669	−4.9127	−5.1412	−5.354	−5.5503	−5.7297	−5.8128	−5.8914
0	0	−0.3919	−0.7775	−1.1561	−1.5269	−1.8894	−2.2428	−2.5866	−2.9201	−3.2427	−3.3996	−3.5536

温度	0	10	20	30	40	50	60	70	80	90	95	100
0	0	0.3969	0.7981	1.2033	1.6118	2.0231	2.4365	2.8512	3.2666	3.6819	3.8892	4.0962
100	4.0962	4.5091	4.9199	5.3284	5.7345	6.1383	6.5402	6.9406	7.34	7.7391	7.9387	8.1385
200	8.1385	8.5386	8.9399	9.3427	9.7472	10.1534	10.5613	10.9709	11.3821	11.7947	12.0015	12.2086
300	12.2086	12.6236	13.0396	13.4566	13.8745	14.2931	14.7126	15.1327	15.5536	15.975	16.186	16.3971
400	16.3971	16.8198	17.2431	17.6669	18.0911	18.5158	18.9409	19.3663	19.7921	20.2181	20.4312	20.6443
500	20.6443	21.0706	21.4971	21.9236	22.35	22.7764	23.2027	23.6288	24.0547	24.4802	24.6929	24.9055
600	24.9055	25.3303	25.7547	26.1786	26.602	27.0249	27.4471	27.8686	28.2895	28.7096	28.9194	29.129
700	29.129	29.5476	29.9653	30.3822	30.7983	31.2135	31.6277	32.041	32.4534	32.8649	33.0703	33.2754
800	33.2754	33.6849	34.0934	34.501	34.9075	35.3131	35.7177	36.1212	36.5238	36.9254	37.1258	37.3259
900	37.3259	37.7255	38.124	38.5215	38.918	39.3135	39.708	40.1015	40.4939	40.8853	41.0806	41.2756
1000	41.2756	41.6649	42.0531	42.4403	42.8263	43.2112	43.5951	43.9777	44.3593	44.7396	44.9293	45.1187
1100	45.1187	45.4966	45.8733	46.2487	46.6227	46.9955	47.3668	47.7368	48.1054	48.4726	48.6556	48.8382
1200	48.8382	49.2024	49.5651	49.9263	50.2858	50.6439	51.0003	51.3552	51.7085	52.0602	52.2354	52.4103
1300	52.4103	52.7588	53.1058	53.4512	53.7952	54.1377	54.4788	54.8186				

2. 按照热电极的结构分类

根据热电极的结构不同，热电偶可以分为普通热电偶、铠装热电偶、表面热电偶和浸入式热电偶等，如图 2-3 所示。

（a）普通热电偶　　　　（b）铠装热电偶　　　　（c）表面热电偶　　　　（d）浸入式热电偶

图 2-3　不同类型的热电偶

上述各种热电偶的性能特点如表 2-3 所示。

表 2-3　不同类型热电偶的性能特点

类型	普通热电偶	铠装热电偶	表面热电偶	浸入式热电偶
结构	一般由热电极、绝缘套管、保护管和接线盒组成	由金属保护套管、绝缘材料和热电极三者组合经拉伸加工而成的坚实组合体	探针的形状分为凸形、弓形、针形、垫片式和环式	热电极安装在外径为 U 形的石英管内,其外部有绝缘良好的纸管、保护管和高温绝热水泥,以提供保护
性能特点	测温范围宽,动态响应快,结构简单,机械强度高,耐压性能好	测温范围宽,动态响应快,柔性好,便于弯曲,机械强度高,耐压性能好	探头形状多,适应不同物体表面,读数直观,反应较快	反应时间较长,测温后热电偶和石英保护管可能会烧坏,因此只能一次性使用
测温范围	0~1300℃	0~1300℃	0~1300℃	−50~+500℃
使用场合	测量生产过程中的各种液体、蒸汽和气体介质的温度	测量高压装置和狭窄管道的温度	测量固体的表面温度	测量液态金属的温度

2.1.1.3　热电偶传感器的测量电路

利用热电偶测量某一点的温度时,热电偶和测量仪表构成的基本测量电路如图 2-4 所示,测量仪表一般采用动圈仪表,这种电路常用于对准确度要求不高的场合。

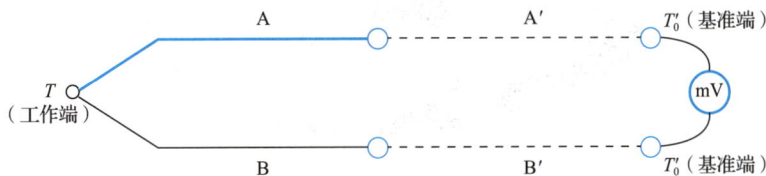

图 2-4　热电偶传感器的基本测量电路

为了提高测量准确度,可以将多支型号相同的热电偶依次串接,如图 2-5 所示。若用 $E_1, E_2, \cdots, E_n$ 表示每个热电偶产生的电动势,则这时电路中总的电动势为

$$E_{\mathrm{T}} = E_1 + E_2 + \cdots + E_n = nE$$

然而,将多个热电偶串接的缺点是明显的:一旦其中一个热电偶断路,整个电路将无法工作;若有一个热电偶短路,测试值将会偏低。

为了提高测量准确度，也可以将若干个热电偶并联，以计算多个点的温度的算术平均值，如图 2-6 所示。如果 n 个热电偶的电阻值相等，则并联电路的总热电动势为

$$E_{\mathrm{T}} = \frac{E_1 + E_2 + \cdots + E_n}{n}$$

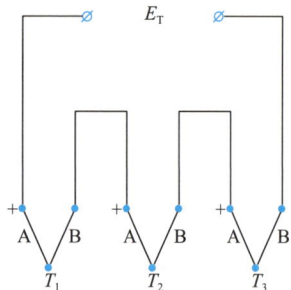

图 2-5　热电偶串联测量电路

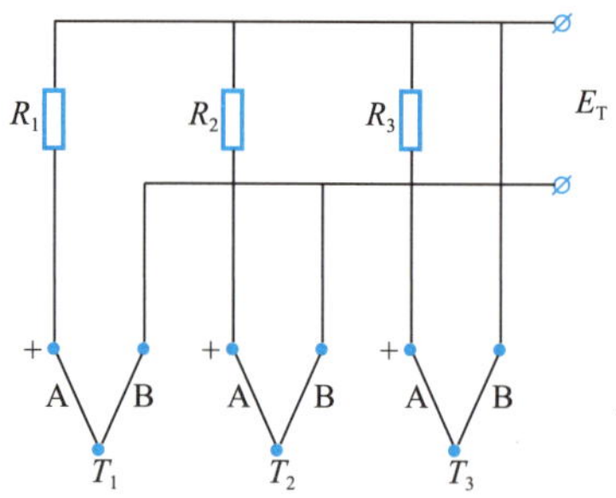

图 2-6　热电偶并联测量电路

与串联电路相比，并联电路的热电势较小，但即使部分热电偶发生断路，也不会影响其他热电偶正常工作。

2.1.1.4　热电偶传感器的应用

在机械行业中，大型热处理炉的温度均匀性测量对于确定热处理炉是否合格，以及所处理的工件是否合格至关重要。例如，在对飞机机翼等大型部件进行整体热处理时，需要在几百立方米的加热空间内确保温度均匀性不超过±6℃。因此，工业上经常采用热电偶来测量高温热处理炉和重柴油燃烧炉内的温度。工业用热处理炉如图 2-7 所示。

图 2-7　工业用热处理炉

图 2-8 所示是热处理炉自动控制系统的原理框图。该系统的工作原理如下：由毫伏定值器设定一个毫伏值（即设定温度），若热电偶测量的热电动势与定值器的设定值存在偏差，则说明炉温偏离设定值。此偏差信号经放大器放大后送入比例积分微分控制（proportional-integral-derivative，PID）调节器，然后通过晶闸管触发器来控制晶闸管执行器，调整炉体内电阻丝的加热功率，以消除偏差，从而达到控温的目的。

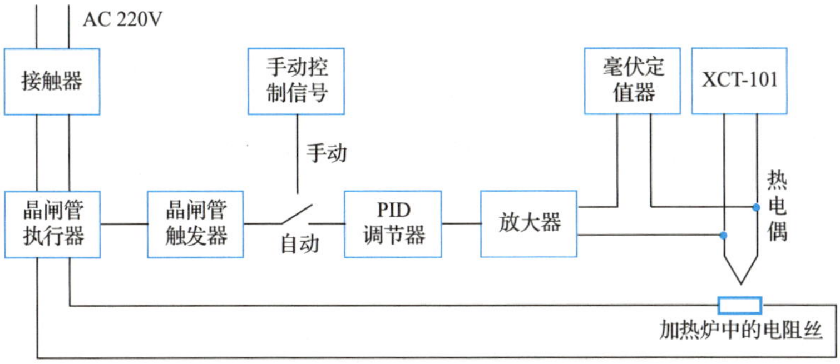

图 2-8　热处理炉自控系统的原理框图

2.1.2　任务实施：热电偶制作与性能检测

2.1.2.1　实训器材

本工作任务采用简易材料进行热电偶的自制与性能检测，所用实训器材如表 2-4 所示。

表 2-4　热电偶的自制与性能检测所用实训器材清单

工具	砂纸
仪表	数字万用表
器材	酒精灯、康铜丝、镍铬合金电阻丝

2.1.2.2　热电偶制作

热电偶的制作过程如下。

1）使用砂纸将康铜丝和镍铬合金电阻丝两端各打磨约 10mm，以确保表面光滑，避免因氧化等问题导致接触不良。

2）将上述两段金属丝的一端相互绞紧连接，剪去多余的端头，并进行焊接。热电偶测量端的焊接形式如图 2-9 所示。

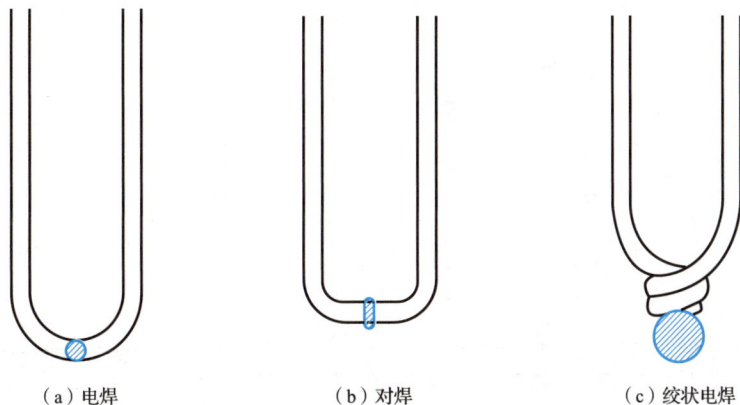

（a）电焊　　　　　　　（b）对焊　　　　　　　（c）绞状电焊

图 2-9　热电偶测量端的焊接形式

2.1.2.3　热电偶性能检测

自制热电偶性能检测示意图如图 2-10 所示。具体的检测步骤如下。

1）将数字万用表拨至 DC 200mV 挡位，然后连接到两根金属丝的两端，并记录此时的电压值。

2）使用酒精灯模拟加热炉加热热电偶的工作端（即绞紧焊接点），观察万用表中电压显示值的变化。

3）逐渐将酒精灯远离绞紧连接点，观察并记录电压值的变化。

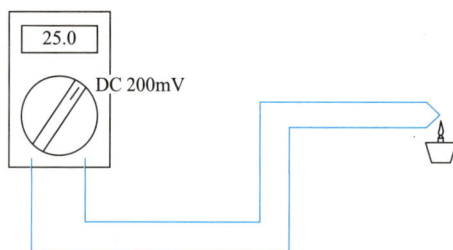

图 2-10　自制热电偶的性能检测示意图

2.1.3　学习评价

本工作任务的学习成果评价表如表 2-5 所示。

表 2-5　学习成果评价表

序号	考核内容	分值	评分要素	自评	互评	师评
1	小组准备	10	小组分工明确，能够对学习任务内容及实施步骤进行精心准备			
2	知识运用	30	对知识的理解到位，并能熟练、准确地运用所学知识完成实践任务			
3	成果展示与任务报告	20	成果展示内容丰富、语言规范，实践活动报告结构完整、观点正确			
4	学习态度与课堂纪律	15	学习积极主动、态度认真，遵守教学秩序			
5	自主学习与动手能力	10	具有探究精神、自学意识和较强的动手能力，善于发现问题			
6	团队配合	15	团队意识强，小组成员配合默契，问题解决及时			

综合评价：

教师或导师签字：

工作任务 2.2

温度报警器——热敏电阻

【核心概念】

　　热敏电阻：一种电阻值随温度变化而改变的半导体感温元件。

【学习目标】

　　1. 了解热敏电阻的结构、类型及应用。

　　2. 理解热敏电阻及测量电路的工作原理。

　　3. 能对温度检测电路进行正确的组装与调试。

　　温度报警器是一种利用热敏电阻实时检测外界温度的仪器。当温度超过或低于用户所设定的临界值时，温度报警器会触发警报。温度报警器可以外接多种报警设备，如声音报警器、提示灯等，也可以通过网络向用户发送报警信息或实时温度信息。本工作任务将热敏电阻作为传感器，通过测温电桥电路检测温度，一旦温度高于设定的限值，热敏电阻会立即发出警报。

问题导入

　　关于热敏电阻，大家还了解哪些信息呢？

2.2.1　知识准备：热敏电阻的结构、原理及应用

2.2.1.1　热敏电阻的结构、特点及主要技术参数

1. 热敏电阻的结构

　　热敏电阻是一种电阻值随温度变化而改变的半导体热敏元件，其实物如图 2-11（a）所示。热敏电阻的结构非常简单，一般由热敏特性显著的半导体材料，按照特定工艺制成，其结构示意图如图 2-11（b）所示。为满足不同的应用需求，热敏电阻通常被封装成各种形状的探头，常见的结构外形包括圆片状、杆状、管状等，如图 2-11（c）所示。

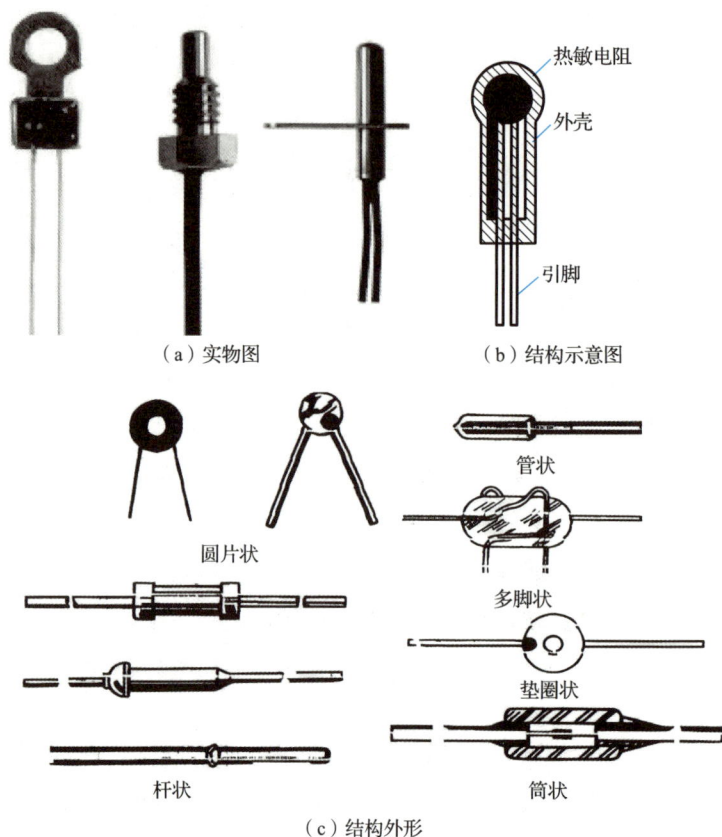

（a）实物图　　　　　　　　（b）结构示意图

圆片状

管状

多脚状

垫圈状

杆状

筒状

（c）结构外形

图 2-11　热敏电阻

2. 热敏电阻的主要特点

1）灵敏度较高。其电阻温度系数要比金属大 10～100 倍，能检测出 6～10℃的温度变化。

2）工作温度范围宽。常温元件适用于-55～+315℃的温度测量，高温元件适用于温度高于 315℃（目前最高可达 2000℃）的温度测量，低温元件适用于-273～-55℃的温度测量。

3）稳定性好，过载能力强。

4）选用方便，电阻值可在 0.1～100kΩ 任意选择。

5）易加工成复杂的形状，可大批量生产。

6）体积小。能够测量其他温度计无法测量的空隙、腔体及生物体内血管的温度。

3. 热敏电阻的主要技术参数

（1）标称阻值

厂家通常将热敏电阻25℃时的零功率电阻值作为额定电阻值，又称标称阻值，记作 R_{25}，并在热敏电阻上标出。热敏电阻上标出的标称阻值与用万用表测出的读数不一定相等，这是由于标称阻值是用专用仪器在 25℃时，并且在无功率发热的情况下测得的。用万用表测量时，会有一定的电流通过热敏电阻而产生热量，且测量时，周围环境的温度可能与 25℃有所偏差，因此不可避免地会产生测量误差。

（2）实际阻值

实际阻值 R_T 是指在特定的温度条件下所测得的电阻值。

（3）电阻温度系数

电阻温度系数 α_T 表示温度变化 1℃时的阻值变化率，单位为%/℃。

2.2.1.2 热敏电阻的工作原理

热敏电阻的电阻值会随着被测温度的变化而变化，因此根据热敏电阻的阻值变化就能推断被测温度的大小，这就是热敏电阻的工作原理。热敏电阻器通常由金属氧化物半导体材料、半导体单晶硅和锗，以及热敏玻璃、陶瓷等材料，按照特定工艺制成。制造材料不同，热敏电阻表现出的温度特性也不同。热敏电阻的电阻率-温度特性曲线如图 2-12 所示，正温度系数（positive temperature coefficient，PTC）热敏电阻的电阻值随着温度的升高而增大；负温度系数（negative temperature coefficient，NTC）热敏电阻的电阻值随着温度的升高而减小；临界温度系数（critical temperature resistor，CTR）热敏电阻具有负电阻突变特性，在达到某一温度后，电阻值随温度的增加而急剧减小，具有很大的负温度系数。

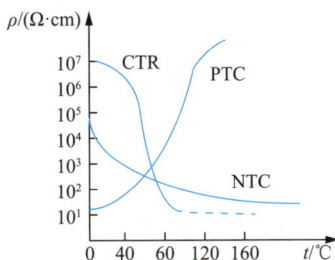

图 2-12 热敏电阻的电阻率-温度特性曲线

2.2.1.3 热敏电阻的主要类型

按照热敏电阻的阻值与温度之间的关系，热敏电阻可以分为正温度系数（PTC）、负温度系数（NTC）和临界温度系数（CTR）三种类型，其性能特点如表 2-6 所示。

表 2-6 各热敏电阻性能特点

类型	正温度系数（PTC）	负温度系数（NTC）	临界温度系数（CTR）
材料	以钛酸钡（或锶、铅）为主要材料	以锰、钴、镍和铜等金属氧化物为主要材料	由钒、钡、锶、磷等元素氧化物为主要材料
特点	电阻值随温度的升高而增大	电阻值随温度的升高而减小，测温准确度高	具有负电阻突变特性，在达到某一温度后，电阻值随温度的增加急剧减小
测温范围	−50～+150℃	−10～+300℃	−200～+500℃
适用场合	广泛用于工业中的温度测量与控制，同时也广泛用于民用设备，例如，控制热水器的水温，测量空调和冷库的温度等	适用于汽车特定部位的温度检测和调节，同时也适用于食品储存、医药卫生、科学农业、海洋研究、深井探测、高空环境等方面的温度测量	可作为控温报警器

2.2.1.4　热敏电阻的测量电路

通过热敏电阻获得的是随温度变化而变化的电阻量，需要将其转化为电信号才便于处理。通常采用电桥测量电路将热敏电阻的电阻值的变化转化为电压信号输出。

在工作任务 1.1 中详细介绍了电桥测量电路。惠斯通电桥测量电路如图 2-13 所示，它是由待测（热敏）电阻 R_1 和固定电阻 R_2、R_3、R_4 组成的。在被测量为零的初始状态下，$R_1R_3=R_2R_4$，电桥处于平衡状态，输出电压为零；当热敏电阻 R_1 的电阻值随被测温度的变化而发生变化时，电桥的平衡状态被打破，从而产生输出电压，并将热敏电阻变化的电阻值转化成电压信号输出。

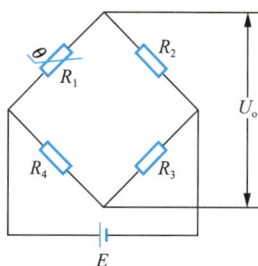

图 2-13　惠斯通电桥测量电路

2.2.1.5　热敏电阻的应用

1. 电子温度计

电子温度计的外形及电路原理图如图 2-14 所示。当被测温度升高时，热敏电阻 R_T 的阻值变小，电桥失去平衡状态，电桥输出电压。电压信号经过运算放大器放大后，引起接在运放反馈电路中的微安表产生相应的偏转。最终，处理后的信号被传输到显示器，显示器显示被测温度数值。

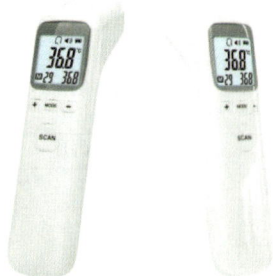

（a）外形

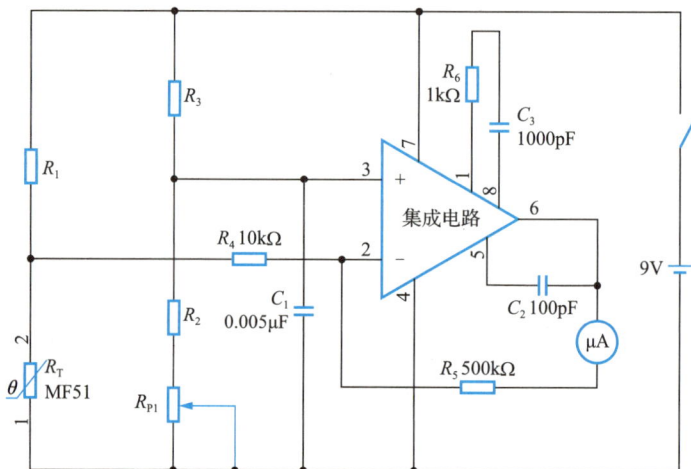

（b）电路原理图

图 2-14　电子温度计的外形及电路原理图

2. 在汽车中的应用

汽车用 NTC 热敏电阻，主要用于监测汽车发动机冷却液的温度，并向电子控制单元（electronic control unit，ECU）发送处理信号，是汽车发动机中不可或缺的元器件。在汽车发动机运行过程中，NTC 热敏电阻需要快速响应，精确测量温度，并将实时温度准确传输给电子控制单元。汽车用 NTC 热敏电阻如图 2-15 所示，其结构简单、响应速度快、灵敏度高，能有效地监测和控制汽车发动机的温度。

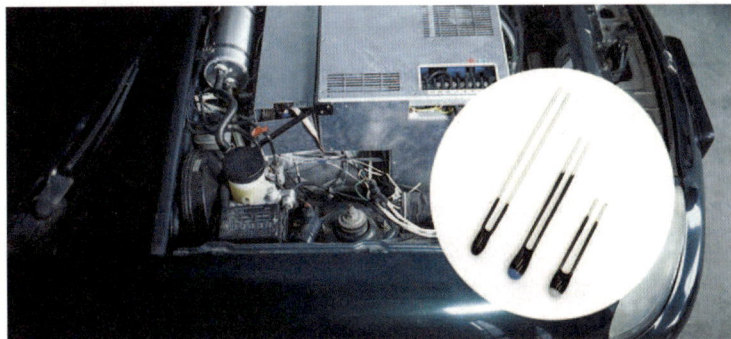

图 2-15　汽车用 NTC 热敏电阻

为了充分发挥 NTC 热敏电阻的温度监测作用，通常将其封装成传感器。该传感器主要组成部分包括金属壳体、热传导填充物、NTC 热敏电阻和插接件。其中，金属壳体为一体成型，具有良好的密封性，内壁涂有绝缘层以防止漏电；热传导填充物是一种固态热传导介质，用于将外界的水温传递给 NTC 热敏电阻。该填充物还有助于固定 NTC 热敏电阻，使其具有较好的温度测量环境，以提高测量准确度。

2.2.2　任务实施：温度检测电路的组装与调试

2.2.2.1　实训器材

本工作任务是进行温度检测电路的组装与调试，所用实训器材如表 2-7 所示。

表 2-7　组装与调试温度检测电路所用实训器材清单

工具	电烙铁、螺钉旋具、镊子
仪表及设备	数字万用表、电源
器材	温度检测电路套件、焊锡丝、导线

2.2.2.2　电路组装与调试

1. 元器件清单

温度检测电路的组装元件包括万用板、单片机、电容、电阻等，具体如表 2-8 所示。

表 2-8 温度检测电路元器件清单

名称	数量	名称	数量
100μF 电解电容	1	100kΩ 电阻	3
103 瓷片电容	2	12kΩ 电阻	2
51kΩ NTC 热敏电阻	1	1kΩ 电阻	1
50kΩ 蓝白可调电位器	1	30kΩ 电阻	1
5V 蜂鸣器	1	82kΩ 电阻	1
NE555 定时器	1	DIP8 IC 座	1
UA741 运算放大器	1	2P 接线端子 J1	1
φ5mm 红色 LED	1		

2. 电路原理图

温度检测电路原理图如图 2-16 所示。电路中 R_{P1}、R_1、R_2、R_3 和 R_T 构成了一个测温电桥。当温度低于预置温度时，UA741 运算放大器的 2 脚电位高于 3 脚，6 脚输出低电平，导致 LED 亮起，蜂鸣器不响，即不报警。当温度升高时，R_T 的阻值下降，UA741 的 2 脚电压随之下降，当 2 脚电压低于 3 脚电压时，6 脚就输出高电平，蜂鸣器响起，开始报警，同时 LED 熄灭。

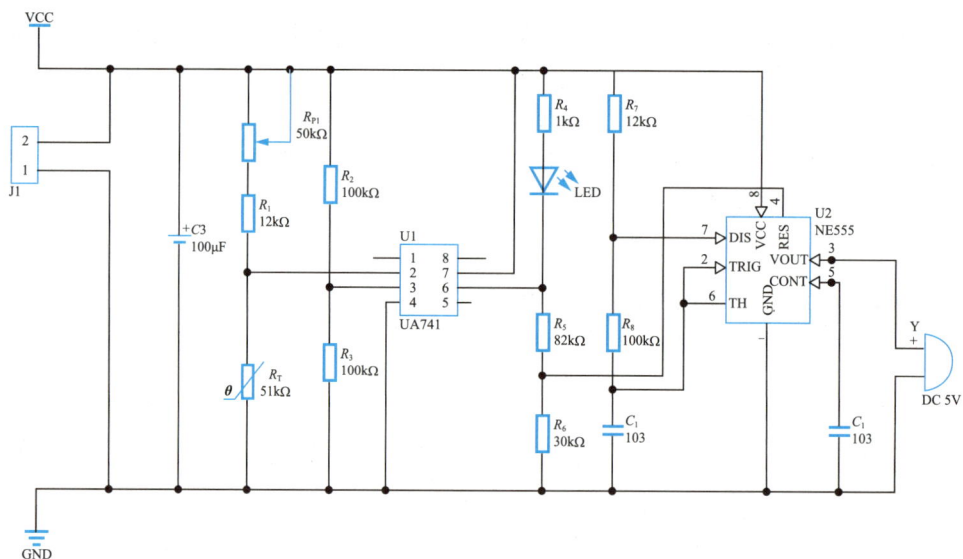

图 2-16 温度检测电路原理图

3. 调试

温度检测电路原理图如图 2-16 所示。按照电路原理图将电路组装完毕后，正常情况下，LED 亮起，蜂鸣器不响；当将热敏电阻放置在热源附近时，LED 熄灭，蜂鸣器发出警报。如果电路未按预期工作，请根据电路原理图逐一检查各个部分，直到找到问题并排除故障。

2.2.3　学习评价

本工作任务的学习成果评价表如表 2-9 所示。

表 2-9　学习成果评价表

序号	考核内容	分值	评分要素	自评	互评	师评
1	小组准备	10	小组分工明确，能够对学习任务内容及实施步骤进行精心准备			
2	知识运用	30	对知识的理解到位，并能熟练、准确地运用所学知识完成实践任务			
3	成果展示与任务报告	20	成果展示内容丰富、语言规范，实践活动报告结构完整、观点正确			
4	学习态度与课堂纪律	15	学习积极主动、态度认真，遵守教学秩序			
5	自主学习与动手能力	10	具有探究精神、自学意识和较强的动手能力，善于发现问题			
6	团队配合	15	团队意识强，小组成员配合默契，问题解决及时			

综合评价：

教师或导师签字：

知识拓展

热电偶冷端温度误差及补偿

热电偶回路中的热电势不仅与热端温度有关，而且与冷端温度有关。只有当冷端温度保持恒定时，热电势才是热端温度的单值函数。在实际测量中，热电偶的冷端温度容易受到环境温度或热源温度的影响而难以保持在 0℃。为了使用特性分度表对热电偶进行标定，实现精确测温，需要采取一定的措施进行冷端补偿，消除因冷端温度变化和不为 0℃ 所引起的温度误差。常用的补偿方法有补偿导线法、0℃ 恒温法、电桥补偿法和冷端温度校正法。下面主要介绍前两种补偿方法。

1. 补偿导线法

如图 2-17 所示，为使热电偶冷端温度保持恒定（最好为 0℃），可将热电偶电极做得很长，将冷端移到温度恒定或变化平缓的环境中。然而，这种方法既不便于安装使用，又耗费大量贵重的金属材料。因此，通常采用廉价的补偿导线将热电偶冷端延伸出来。

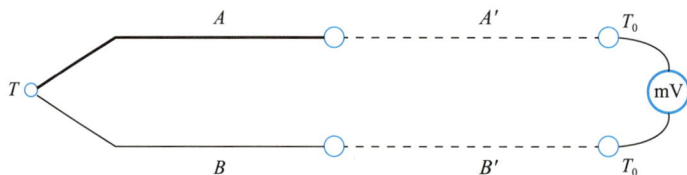

图 2-17　补偿导线法

2. 0℃恒温法

一般热电偶在定标时，以 0℃ 为冷端温度标准。将热电偶冷端置于冰水混合物中，可以确保其保持恒定的0℃，它可以使冷端温度误差完全消失。然而，0℃恒温法通常只在实验室测温时才可行，并不适合用于工业温度测量。

热电阻传感器

根据材料的不同，热电阻传感器可分为金属热电阻和半导体热敏电阻两大类，前者称为热电阻，后者称为热敏电阻。

1. 热电阻传感器的组成

热电阻传感器由热电阻、连接导线及显示仪表组成。热电阻也可以与温度变送器连接，将温度转换为标准电流信号输出。热电阻传感器的结构示意图如图 2-18 所示。

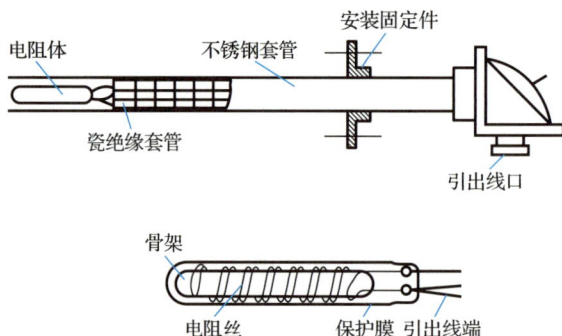

图 2-18　热电阻传感器的结构示意图

2. 热电阻传感器的基本原理

热电阻传感器是利用导体或半导体的电阻率随温度的变化而变化的原理制成的。热电阻是利用物质在温度变化时，其内部自由电子的热运动受到影响，从而导致电阻发生变化的原理来测量温度的。当电阻值发生变化时，工作仪表便显示出与该电阻值对应的温度。

一般来说，金属导体具有正温度系数，即电阻率随温度上升而增加。在一定范围内，电阻与温度的关系为

$$R_t = R_0[1 + \alpha(t - t_0)]$$

式中：R_t、R_0 ——热电阻在 t 和 t_0 时的电阻值；

　　　α ——热电阻的电阻温度系数；

　　　t ——被测的温度。

3. 热电阻和热敏电阻对比

1）热敏电阻的温度系数远大于金属热电阻的温度系数，因此具有更高的灵敏度。

2）在相同温度下，热敏电阻的电阻值远大于金属热电阻的电阻值，所以受连接导线电阻的影响很小，适用于远距离测量。

3）热敏电阻的测量范围小于金属热电阻的测量范围。

4. 热敏电阻的其他分类

1）按照结构形式，可以分为体型、薄膜型和厚膜型三种；

2）按工作方式，可以分为直热式、旁热式和延迟电路三种；

3）按工作温区，可以分为低温区、常温区和高温区三种。

学 习 小 结

工作任务 2.1 主要介绍了热电偶传感器的结构、原理、主要类型、应用，以及简易热电偶的自制与性能检测。

热电偶传感器的结构包括热电偶丝材、绝缘管、保护管和接线盒等。其测温原理是利用热电效应。所谓热电效应，是指两种不同材料的导体（称为热电极）两端分别连接形成一个闭合回路，当两个接合点的温度不同时，在回路中就会产生电动势的现象。在热电偶中，直接用作测量介质温度的一端称为工作端（也称热端、测量端），另一端称为冷端（也称为补偿端）。

热电偶产生热电势的必要条件如下：一是两个热电极材料不同，二是在冷端、热端存在温度差。在工业应用中，一般以 0℃ 为基准端温度，通过测量热电势来确定被测温度的数值。

工作任务 2.2 主要介绍了热敏电阻的特点、技术参数、原理、主要类型、应用，以及温度报警电路的组装与调试。

热敏电阻灵敏度较高、工作温度范围宽、稳定性好、过载能力强。热敏电阻的主要技术参数包括标称阻值、实际阻值和电阻温度系数。

热敏电阻的电阻值会随着被测温度的变化而变化，因此根据热敏电阻的电阻值变化就能推断被测温度的大小，这就是热敏电阻的工作原理。常见的热敏电阻有正温度系数（PTC）热敏电阻、负温度系数（NTC）热敏电阻和临界温度系数（CTR）热敏电阻三种类型。

通常热敏电阻采用电桥测量电路将其电阻值的变化转化为电压信号，然后通过电路将这一电压信号转换为温度值。

直 击 工 考

一、填空题

1. 热电偶传感器主要由_____、_____、_____和_____组成。

2．热电偶产生热电势的必要条件是：一是_____；二是_____。

3．为了提高测量准确度，可以将多个型号相同的热电偶_____或_____。

4．热敏电阻灵敏度_____，工作温度范围_____。

5．负温度系数（NTC）热敏电阻的电阻值随着温度的升高而_____。

6．厂家通常将热敏电阻25℃时的零功率电阻值记为 R_{25}，称为_____。

二、判断题

1．两种不同成分的导体两端接合成回路，当两个接合点的温度不同时，在回路中就会产生电动势，这种现象称为热电效应，而这种电动势称为热电势。 （　　）

2．浸入式热电偶一般用来测量固体的表面温度。 （　　）

3．电阻温度系数表示温度变化1℃时的阻值变化率。 （　　）

4．负温度系数（NTC）热敏电阻的电阻值随温度的升高而增大。 （　　）

5．金属热电阻和半导体热敏电阻两大类，前者称为热电阻，后者称为热敏电阻。

（　　）

三、简答题

1．什么是热电效应？

2．简述热电偶传感器的工作原理。

3．简述三种热敏电阻工作原理的不同点。

3 工作领域

位移的检测

【内容导读】

位移的检测一般分为实物尺寸的检测和机械位移的检测两种。按输出信号的形式不同，位移传感器可分为模拟式和数字式两种。在模拟式传感器中，又可分为物性型和结构型两种。常用位移传感器以模拟式结构型居多，包括电位器式位移传感器、电感式位移传感器、电容式位移传感器、电涡流式位移传感器、霍尔式位移传感器等。

本工作领域重点介绍超声波传感器和电涡流式传感器的工作原理及其应用。

【学习目标】

知识目标

1. 了解超声波的概念及特性。
2. 了解超声波传感器的结构、类型及应用。
3. 理解超声波传感器、电涡流式传感器的工作原理。
4. 理解金属表面镀膜厚度检测的工作原理。

能力目标

1. 能正确选择并熟练使用通用的仪器仪表及辅助设备。
2. 能进行超声波测距电路、金属表面镀膜厚度检测电路的组装与调试。

思政目标

1. 培养勤于思考、善于总结、勇于探索的科学精神。
2. 传承和发扬一丝不苟、精益求精、追求卓越的工匠精神。

工作任务 *3.1*

汽车倒车距离检测——超声波传感器

【核心概念】

超声波：频率高于 20kHz、超过人听觉上限的声波。

超声波传感器：利用超声波的特性实现自动检测的测量元件，可将超声波信号转换成其他能量信号（通常是电信号）。

【学习目标】

1. 了解超声波的传播特性及超声波传感器的应用。
2. 理解超声波传感器的工作原理。
3. 会超声波测距电路的组装与调试。

汽车倒车时车尾的障碍物探测可通过超声波传感器电路（即倒车雷达电路）实现。该电路主要由超声波发射器、超声波接收器和控制电路组成。倒车时，超声波发射器发出超声波，这些超声波被障碍物反射后由接收器接收。通过测量发射信号和接收信号之间的时间差，可以计算出汽车与障碍物之间的距离，公式为

距离=超声波发射接收时间差×声速/2

> **问题导入**
>
> 你们听说过超声波吗？你知道哪些地方用了超声波传感器？

3.1.1　知识准备：超声波、超声波传感器及其应用

3.1.1.1　超声波

1. 声波的分类

声源产生的振动在空气或其他介质中的传播称为声波。声源每秒钟振动的次数称为声音的频率，单位为赫兹，用字母 Hz 表示。频率在 20Hz～20kHz 范围内的声波，为可闻声波；频率低于 20Hz 的声波为次声波；频率高于 20kHz 的声波为超声波。声波的频率界线

划分如图 3-1 所示。

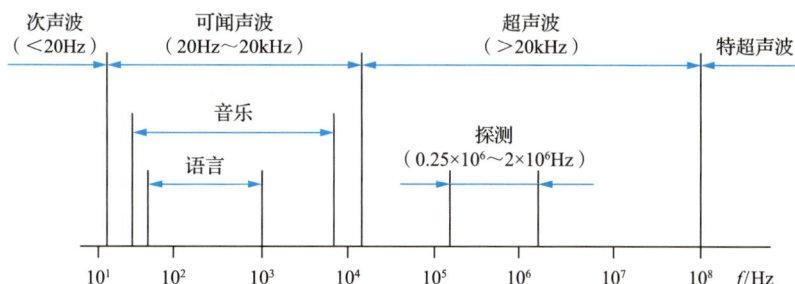

图 3-1 声波频率界线划分

超声波是声波的一种，它们的共同点在于都是由物质振动产生，并且只能在介质中传播。超声波广泛地存在于自然界中，许多动物能够发射和接收超声波，其中蝙蝠最为突出。蝙蝠能利用微弱的超声波回波在黑暗中飞行并捕捉食物。与可闻声波相比，超声波的波长较短、绕射能力弱，但反射能力强，能够形成定向传播的射线。因此，超声波在检测技术中得到了广泛应用。

2. 声波的波形

根据声源在介质中的施力方向与波在介质中传播方向的不同，声波的波形也不同。声波的传播波形主要有纵波、横波和表面波。

（1）横波

当介质中质点的振动方向与波的传播方向垂直时，此种声波为横波，如图 3-2 所示。

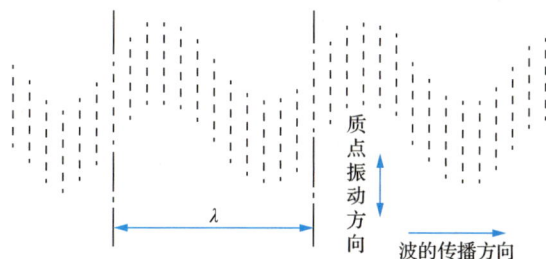

图 3-2 横波

例如，拿起平铺在地上的绳子的一端，上下抖动绳子，此时形成的波在水平方向向前传播，而振动方向垂直于地面，这就是横波。再如，地震波中的面波也是横波。

（2）纵波

当介质中质点的振动方向与声波的传播方向相同时，这种声波称为纵波，如图 3-3 所示。

对于任何介质，当其体积发生交替变化时均能产生纵波。例如，敲锣时，锣的振动方向与波的传播方向就是一致的。再如，喊话时，声音也是一种纵波。

（3）表面波

介质中质点的振动介于横波和纵波之间，沿着固体表面传播，振幅随深度增加而迅速衰减的波称为表面波，如图 3-4 所示。表面波可以看成是由平行于表面的纵波和垂直于表面的横波合成的，振动质点的轨迹为一椭圆，在距离表面 1/4 波长深处振幅最大，随着深度的增加而很快衰减，实际上，距离表面一个波长以上的位置，质点的振动振幅就已经很微弱了。

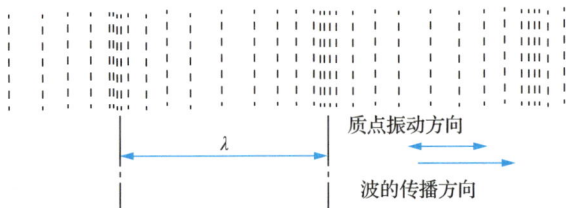

图 3-3　纵波

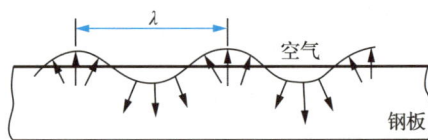

图 3-4　表面波

3. 超声波的传播特性

（1）束射特性

从声源发出的声波向某一方向（其他方向甚弱）定向地传播，称为束射。由于超声波的波长较短，所以其方向性强，可以像光线一样反射、折射和聚焦，而且遵守几何光学的定律。当超声波从一种介质传播到另一种介质时，在两种介质的分界面上将发生反射和折射。返回原介质的波称为反射波，透过表面在另一种介质中继续传播的波称为折射波。

（2）吸收特性

超声波在各种介质中传播时，随着传播距离的增加，其强度会渐渐减弱（这是因为介质要吸收掉它的部分能量）。这种特性称为吸收特性。对于同一种介质，声波频率越高，其能量被吸收得就越多，声波传播的距离就越短。对于同一频率的超声波，不同介质，吸收的能量也不同。例如，超声波在气体、液体、固体中传播时，能量吸收依次为最多、较多、最少，所以超声波在空气中传播的距离最短。

（3）能量传递特性

超声波传播的能量比可闻声波大得多。当声波到达某一物质时，声波会使物质中的分子振动，其振动频率和声波的频率一致。分子的振动频率决定了分子的振动速度，频率越高，速度越大。物质的分子通过振动获得的能量与分子的振动速度的平方成正比。因此，声波的频率越高，物质的分子获得的能量越大。由于超声波的频率比可闻声波的频率高得多，所以超声波可使物质的分子获得更多的能量。

3.1.1.2　超声波传感器

1. 超声波传感器的工作原理

超声波传感器是利用超声波的特性实现自动检测的测量元件。要使用超声波作为检测手段，必须能产生超声波和接收超声波，完成这种功能的装置

微课：超声波
传感器

就是超声波传感器，又称超声波探头。超声波传感器按其工作原理，可分为压电式、磁致伸缩式和电磁式等类型。其中，最常用的是压电式超声波传感器。

压电式超声波传感器是利用压电材料的压电效应来工作的（压电效应已在工作领域 1 的工作任务 1.2 中进行了介绍）。压电式超声波传感器包括发射器（发射探头）和接收器（接收探头）两部分。发射探头利用逆压电效应将高频电信号转换成高频机械振动，以产生超声波，即将电能转换为机械能；接收探头利用正压电效应将接收到的超声振动转换成压电信号，即将机械能转换为电能。压电式超声波传感器的工作原理框图如图 3-5 所示。

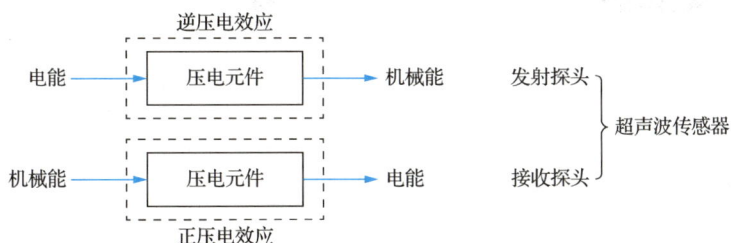

图 3-5　压电式超声波传感器的工作原理框图

2. 超声波传感器的结构

压电式超声波传感器包括超声波发射器和超声波接收器两部分，其典型的结构如图 3-6 所示。图 3-6（a）为超声波发射器，图 3-6（b）为超声波接收器。它们主要由外壳、金属丝网罩、锥形共振盘、压电晶片和引线端子等部分组成。其中，压电晶片是核心部件，它既是敏感元件，又是转换元件。压电晶片多为圆板形，超声波频率与其厚度成反比。压电晶片的两面镀有银层，作为导电的极板，两端分别连接引出线。

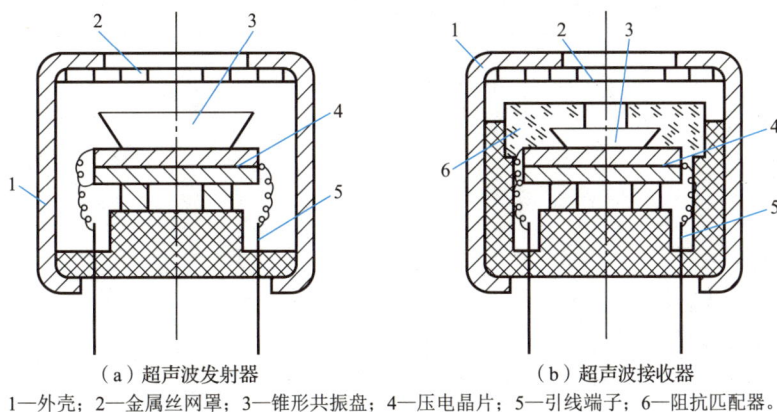

（a）超声波发射器　　　　（b）超声波接收器
1—外壳；2—金属丝网罩；3—锥形共振盘；4—压电晶片；5—引线端子；6—阻抗匹配器。

图 3-6　超声波传感器的结构示意图

3. 超声波探头的类型

超声波探头是实现电能和机械能相互转换的一种换能器件，根据结构不同，可以分为直探头、斜探头和双探头等。表 3-1 对三种常用探头进行了比较。

表 3-1　直探头、斜探头和双探头性能比较

探头类型	直探头	斜探头	双探头
外形			
工作机理	发射：逆压电效应 接收：正压电效应	发射：逆压电效应 接收：正压电效应	发射：逆压电效应 接收：正压电效应
工作特点	发射与接收分时工作，超声波垂直于辐射面发出，主要用于检测基本平行于探测面的平面型或者立体型物质。测量准确度低，控制电路复杂	发射与接收同时工作，主要用于检测与探测面成一定角度的平面型或立体型物质。测量准确度高，控制电路简单	一个探头用于发射，另一个探头用于接收。发射与接收同时工作。测量准确度高，控制电路简单
使用场合	工业上广泛用于锻件、铸件、板材等超声波探伤	工业上广泛用于焊缝、管材等超声波探伤	工业上广泛用于锻件、铸件、板材等超声波探伤

3.1.1.3　超声波传感器的应用

根据超声波的行进方向不同，超声波传感器的应用可分为透射型和反射型。在反射型中，根据超声波传感器发射部分和接收部分是否一体化，又可进一步分为一体化反射型和分离式反射型。超声波传感器的应用类型如图 3-7 所示。

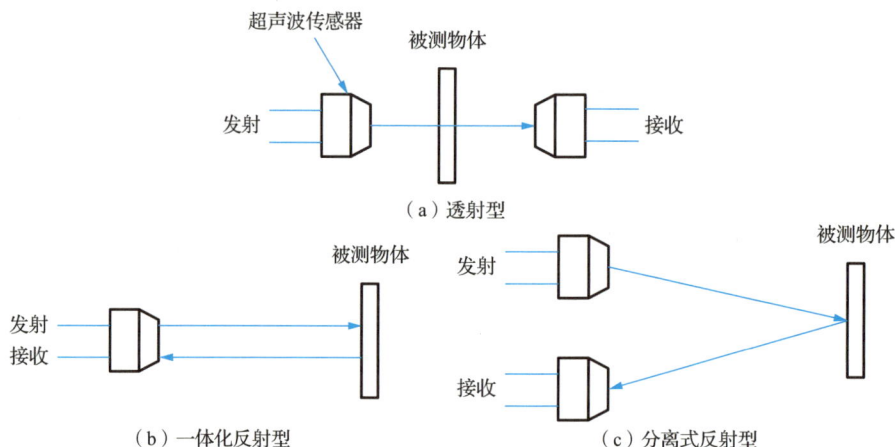

（a）透射型

（b）一体化反射型　　　　　　（c）分离式反射型

图 3-7　超声波传感器的应用类型

当超声波发射器与接收器分别置于被测物的两侧时，这种类型称为透射型。透射型超声波传感器可用于遥控器、防盗报警器、接近传感器等；当超声波发射器与接收器置于被测物的同侧时，这种类型属于反射型。反射型超声波传感器可用于接近传感器、测距、测液位或料位、金属探伤及测厚等，也常用于医学领域，如常见的 B 超和彩超检查等。

1. 超声波探伤仪

超声波探伤仪是一种便携式工业无损探伤仪器，能够快速、便捷、无损伤、精确地检测、定位、评估和诊断工件内部的多种缺陷，如裂纹、疏松、气孔、夹杂等。超声波探伤仪既适用于实验室环境，也广泛应用于工程现场，如航空航天、电力、石油化工、军工、船舶制造、汽车、机械制造、冶金、金属加工、铁路交通、核能电力等领域。其实物和工作原理示意图如图 3-8 所示。

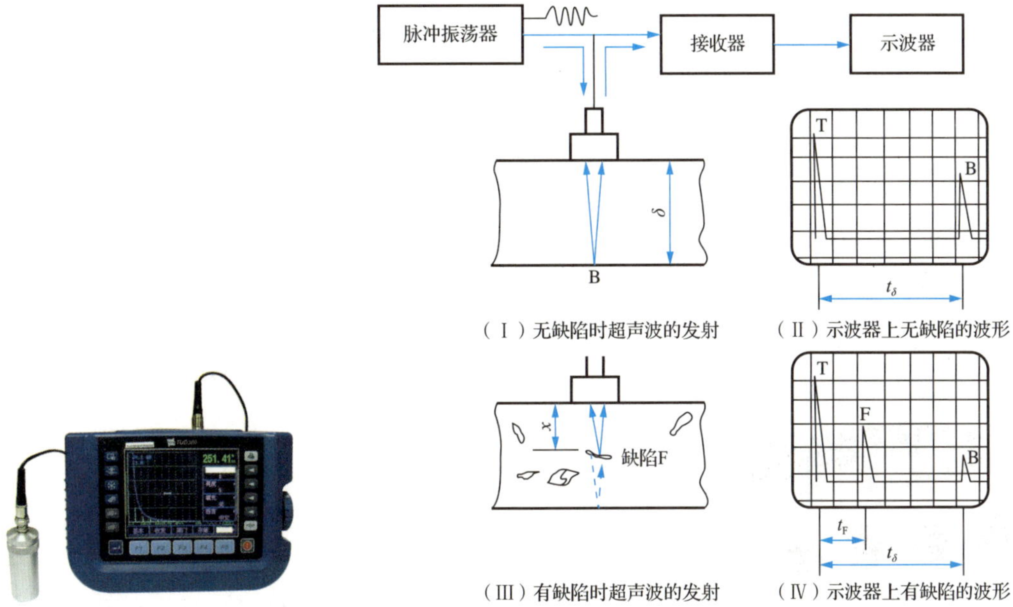

（a）实物图　　　　　　　　　　　　　　　（b）工作原理示意图

（I）无缺陷时超声波的发射　　　（II）示波器上无缺陷的波形
（III）有缺陷时超声波的发射　　　（IV）示波器上有缺陷的波形

图 3-8　超声波探伤仪实物及工作原理示意图

将超声波探头放置在被测物表面，并通过来回移动探头进行检测。探头发出的超声波在被测物内部传播，如果被测物没有缺陷，超声波则传到被测物底部才产生反射，示波器显示的是始脉冲 T 和底脉冲 B，它们之间没有独立的波形。若被测物内部存在缺陷，那么，一部分超声波会在缺陷处（标记为 F）反射回来，接收探头将捕捉到这些反射脉冲。在示波器上，始脉冲 T 和底脉冲 B 之间将会显示一个代表缺陷位置的反射波波形。缺陷脉冲 F 的高度代表缺陷面积的大小；缺陷脉冲 F 与始脉冲 T 之间的时间间隔则表明缺陷的埋藏深度，即探测面到缺陷的距离。

2. B 超

B 型超声诊断仪简称 B 超，其工作原理如下：通过超声探头向人体发射超声波，并接收经人体内部组织和器官的反射波（回波），然后将反射波处理成灰度图像，以便于医生对人体内部组织和器官的形态进行观察。

超声波能向特定方向传播并穿透物体，当遇到障碍物时会产生回声。不同类型的障碍物会产生不相同的回声。人们通过仪器将这种回声收集并显示在屏幕上，用来了解物体的内部结构。回声信号显示为光点，其亮度反映回声的强度。声阻抗相差越大，产生的回声信号的光点越亮；反之则越暗。使用阵列探头可以产生一行行亮点，组成一个平面图像，即二维切面图像。随着技术的发展，三维超声图像和四维超声图像（超声心动图）也已经应用于临床。

3. 倒车雷达

超声波测距的原理如下：超声波发射器向特定方向发射超声波，并同时启动计时器。超声波在空气中传播，若遇到障碍物则会被反射，超声波接收器收到反射波时停止计时。超声波测距示意图如图3-9所示。在常温下，超声波在空气中传播速度 $C=340m/s$，依据计时器记录的超声波往返的时间 t，即可计算出发射点距离障碍物的距离 S，$S=C \times t/2$。

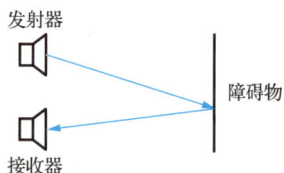

图3-9 超声波测距示意图

倒车雷达全称"倒车防撞雷达"，也称"泊车辅助装置"，是汽车泊车或倒车时的安全辅助装置，由超声波传感器（俗称探头）、控制器、显示器或蜂鸣器等部分组成。它能以声音或直观的显示告知驾驶员周围障碍物的位置，从而提高驾驶的安全性。倒车雷达实物和工作框图如图3-10所示。

（a）倒车雷达实物图

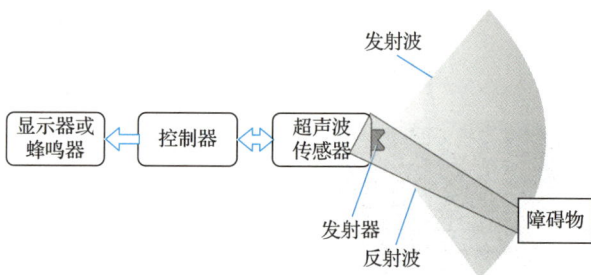

（b）倒车雷达工作框图

图3-10 倒车雷达实物图和工作框图

倒车雷达是基于超声波测距的原理进行工作的。控制器发出指令，使超声波传感器中的发射器发出发射波，当遇到障碍物时，发射波被反射回来，由接收器接收并传回控制器。控制器通过比较发射信号和接收信号的时间差，根据超声波测距原理计算出障碍物与车辆的距离。最终，由显示器显示距离或通过蜂鸣器发出的不同声音来反映障碍物的远近。

3.1.2 任务实施：超声波测距电路安装与调试

3.1.2.1 实训器材

本工作任务是进行超声波测距电路的组装与调试，所用实训器材如表3-2所示。

表3-2 组装与调试超声波测距电路所用实训器材清单

工具	电烙铁、螺钉旋具、镊子
仪表及设备	数字万用表、电源
器材	超声波测距电路套件、焊锡丝、导线

3.1.2.2　电路组成

汽车倒车距离测量电路将超声波收发模块安装在汽车尾部，将显示电路安装在汽车驾驶舱，通过数字显示汽车尾部与障碍物的距离。汽车倒车距离测量电路由超声波收发模块、单片机控制器、显示电路、电源电路四部分组成，如图 3-11 所示。

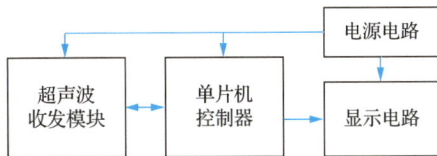

图 3-11　汽车倒车距离测量电路组成框图

3.1.2.3　传感器的选用

汽车倒车距离测量电路的传感器选用 HC-SR04 超声波模块，其实物如图 3-12 所示。它可提供 2～400cm 的非接触式距离感测功能，测距准确度可达 3mm。HC-SR04 超声波模块包括超声波发射器、接收器与控制电路。该模块有四个引脚，分别为 VCC（电源）、trig（控制端）、echo（接收端）和 GND（地）。

HC-SR04 超声波模块采用 I/O 触发测距，提供至少 10μs 的高电平信号；模块会自动发送 8 个 40kHz 的方波，并自动检测是否有信号返回；若有信号返回，模块通过 I/O 输出一高电平，高电平持续的时间就是超声波从发射到返回的时间。测试距离的计算公式为

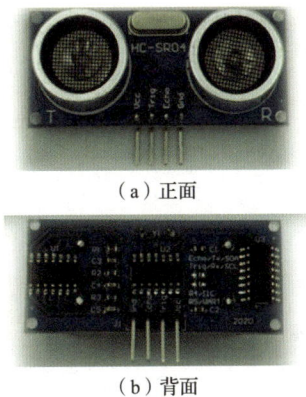

（a）正面

（b）背面

图 3-12　HC-SR04 超声波模块

$$测试距离 = \frac{高电平时间 \times 声速（340m/s）}{2}$$

3.1.2.4　电路组装与调试

1. 元器件清单

汽车倒车距离测量电路包括万用板、单片机、HC-SR04 超声波模块、蜂鸣器等，具体如表 3-3 所示。

表 3-3　汽车倒车距离测量电路元器件清单

名称	数量	名称	数量	名称	数量
7×9 万用板	1	100μF 瓷片电容	1	2.2kΩ 电阻	6
STC89C52 单片机	1	四位一体共阳数码管	1	HC-SR04 超声波模块	1
40 脚 IC 座	1	5V 有源蜂鸣器	1	4P 单排母座	1
12MHz 晶振	1	9012 晶体管	5	6P 单排母座	1
30pF 瓷片电容	2	φ5mm 红色 LED	1	自锁开关	1
10μF 电解电容	1	按键	4	DC 电源插座	1
104 瓷片电容	1	10kΩ 电阻	1	USB 电源线	1

2. 电路原理图

在汽车倒车距离测量电路中，单片机的 P20 端口用于报警输出，P2 端口的高四位用于数码管的位选输出，P0 端口用于数码管的段选输出，P22 端口连接 HC-SR04 超声波模块的 trig（控制端）、P23 端口连接 HC-SR04 超声波模块的 echo（接收端）。具体电路原理图如图 3-13 所示。

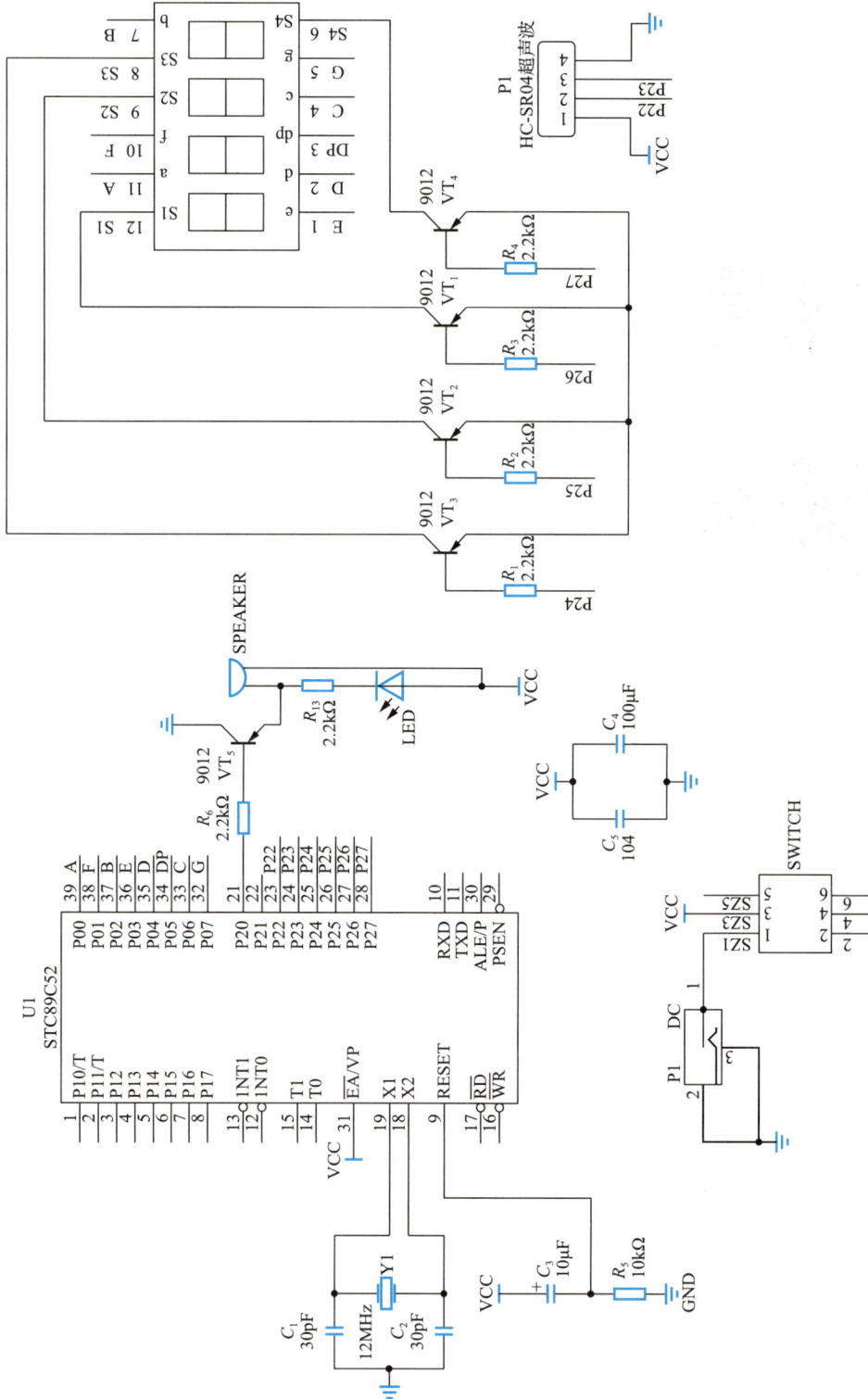

图 3-13 汽车倒车距离测量电路原理图

单片机 P22 端口向 HC-SR04 超声波模块的 trig（控制端）发送一个 10μs 的高电平信号，超声波模块收到高电平信号后自动从超声波发射器发送 8 个 40kHz 的方波，并由超声波接收器检测回波。当有障碍物存在时，超声波接收器会接收到回波信号，并通过模块的 echo（接收端）向单片机 P23 端口输出高电平，回响信号的脉冲宽度与所测的距离成正比。距离= [高电平时间×声速(340m/s)] /2。建议测量周期为 60ms 以上，以防止发射信号对回响信号产生影响。超声波时序图如图 3-14 所示。

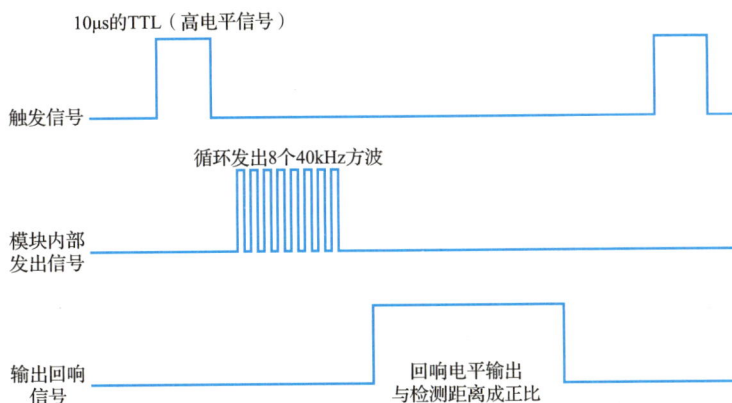

图 3-14　超声波时序图

3. 调试

电路焊接完成后，检查电路连接是否正确，并测量电源是否正常。在确保一切正常后，将程序正确下载到单片机中。通电运行后，数码管将正常显示超声波收发器与障碍物之间的距离。

3.1.3　学习评价

本工作任务的学习成果评价表如表 3-4 所示。

表 3-4　学习成果评价表

序号	考核内容	分值	评分要素	自评	互评	师评
1	小组准备	10	小组分工明确，能够对学习任务内容及实施步骤进行精心准备			
2	知识运用	30	对知识的理解到位，并能熟练、准确地运用所学知识完成实践任务			
3	成果展示与任务报告	20	成果展示内容丰富、语言规范，实践活动报告结构完整、观点正确			
4	学习态度与课堂纪律	15	学习积极主动、态度认真，遵守教学秩序			
5	自主学习与动手能力	10	具有探究精神、自学意识和较强的动手能力，善于发现问题			
6	团队配合	15	团队意识强，小组成员配合默契，问题解决及时			

综合评价：

教师或导师签字：

知识拓展

超声波的空化现象

　　空化现象是液体中常见的一种物理现象。由于涡流或超声波等物理作用，液体的某些位置形成局部的负压区，导致液体或液体—固体界面断裂，形成微小的空泡或气泡。这些空泡或气泡处于不稳定状态，通常会经历初生、发育、迅速闭合的过程。当它们迅速闭合破灭时，会产生一种微激波，使局部区域产生很大的压强。这种空泡或气泡在液体中形成和随后迅速闭合的现象，称为空化现象。

　　关于空化基本过程及空化与沸腾的区别简述如下。

　　当液体在恒压下加热或在恒温下用静力或动力方法减压时，液体中会出现并发育蒸气空泡或充满气体的空泡（或空穴），随后闭合。若这一状态由温度升高所引起，称为"沸腾"；若温度基本不变而由局部压力下降所引起，则称为"空化"。

　　超声空化是强超声在液体中传播时引起的一种特有的物理现象，也是引起液体中空腔的产生、长大、压缩、闭合、反跳、快速重复性运动的特有的物理过程。在空泡崩溃闭合时，液体产生局部高压、高温。由于声场中的频率、声强和液体的表面张力、黏度及周围环境的温度和压力等因素的影响，液体中的微小气核在声场作用下的响应可能是缓和的，也可能是强烈的。

工作任务 3.2

金属表面镀膜厚度检测——电涡流式传感器

【核心概念】

　　电涡流效应：置于变化磁场中的块状金属导体或在磁场中做切割磁力线运动的块状金属导体，其块状金属导体内会产生旋涡状的感应电流的现象。该旋涡状的感应电流称为电涡流，简称涡流。

　　电涡流式传感器：根据电涡流效应原理制成的传感器，可用于测量被测体（必须是金属导体）与探头端面之间静态和动态的相对位移变化。

【学习目标】

　　1. 了解电涡流式传感器的类型及应用。

　　2. 理解电涡流式传感器及测量电路的工作原理。

　　3. 能进行金属表面镀膜厚度测量电路的组装与调试。

在采用镀膜技术对零部件表面进行处理时，其表面镀膜厚度的检测显得尤为重要。若镀膜层过薄，可能无法满足零部件表面性能的要求，导致达不到表面处理的目的；若镀膜层过厚，不仅会造成材料浪费，还会降低镀膜层的结合强度；若镀膜层厚薄不均，会对镀膜层的多种力学物理性能产生不良影响。因此，实时准确的镀膜厚度检测，对于提高过程控制质量和零部件在线检测与维修效率具有重要意义。在 X 射线、超声、电涡流等众多方法中，电涡流检测技术由于其安全、方便快捷、准确度高和成本低等优点，在多层导电结构厚度检测中得到了广泛应用。

问题导入

你听说过电涡流式传感器吗？知道金属表面镀膜厚度检测技术吗？

3.2.1　知识准备：电涡流式传感器

3.2.1.1　电涡流式传感器

电涡流式传感器是利用电涡流效应把被测量变化转换为传感器线圈阻抗 Z 的变化后再进行测量的一种装置。它可以对表面为金属导体的物体进行多种物理量的非接触测量，如位移、振动、厚度、转速、应力、硬度等，还可以用于无损探伤。电涡流式传感器具有结构简单、频率响应宽、灵敏度高、测量线性范围大、体积小等优点。图 3-15 所示为常见电涡流式传感器。

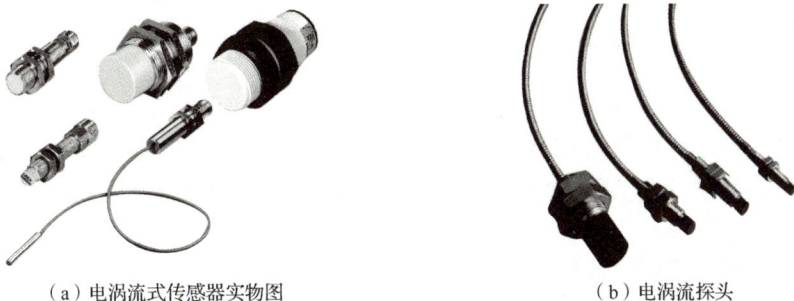

（a）电涡流式传感器实物图　　　　　　（b）电涡流探头

图 3-15　常见电涡流式传感器

1. 电涡流式传感器的结构及工作原理

根据法拉第电磁感应原理，当块状金属导体放置在某一变化的磁场中时，导体内会产生感应电流。这种电流在导体内形成闭合环路，类似水中的旋涡，称为电涡流或涡流。这一现象称为电涡流效应。基于电涡流效应制成的传感器称为电涡流式传感器，主要由探头、转接头、延伸电缆和前置器组成，其结构示意图如图 3-16 所示。

微课：电涡流式传感器

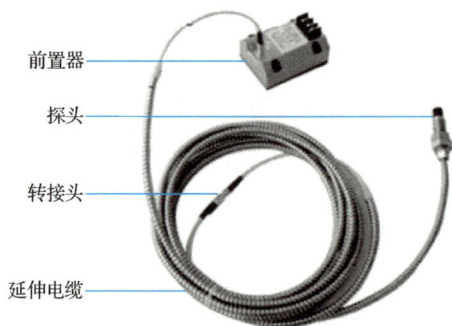

图 3-16　电涡流式传感器结构示意图

前置器中的高频振荡信号送到探头线圈，在探头线圈中产生交变的磁场 H_1。当被测金属体靠近这一磁场时，被测金属表面会产生感应电流，同时该电涡流会产生一个阻碍 H_1 变化的交变磁场 H_2。前置器电路处理这一变化，将线圈阻抗的变化转化为电压或电流的变化输出信号。输出信号的大小随探头与被测体表面之间的间距而变化。电涡流式传感器根据这一原理实现对金属物体的位移、振动等参数的测量，其工作原理框图如图 3-17 所示。

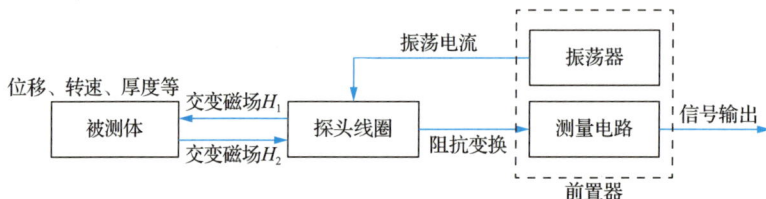

图 3-17　电涡流式传感器工作原理框图

2. 电涡流式传感器的类型

在实际应用中，对于确定的金属材料，电涡流式传感器在金属导体上产生的涡流的渗透深度仅与传感器励磁电流的频率有关，频率越高，渗透深度越小。因此，电涡流式传感器主要分为高频反射式和低频透射式两类，它们的基本工作原理相似，但目前应用较为广泛的是高频反射式电涡流传感器。

（1）高频反射式电涡流传感器

高频反射式电涡流传感器的原理如图 3-18 所示。该传感器由传感器线圈和被测导体组成。

当传感器线圈通以正弦交流电 $\dot{i}_1$ 时，线圈周围空间产生交变磁场 H_1，使置于此磁场的金属导体中感应出电涡流 $\dot{i}_2$，$\dot{i}_2$ 又产生新的交变磁场 H_2。根据楞次定律，H_2 将反作用于原磁场 H_1，从而导致线圈的等效阻抗发生变化。线圈阻抗的变化与导体的几何形状、电阻率 ρ、磁导率 μ、线圈的几何参数、线圈的励磁电流频率 f 及线圈到被测导体间的距离 x 有关。

如果控制上述参数，使其中的一个参数改变，其他参数保持不变，就可以将被测量变化转换为线圈阻抗 Z 的变化，从而构成测量该参数的传感器。例如，改变线圈和导体之间的距离 x，可以做成测量位移、检测厚度的传感器；改变导体的电阻率 ρ，可以做成检测材质的传感器等。

（2）低频透射式电涡流传感器

低频透射式电涡流传感器的原理如图 3-19 所示。该传感器由两个绕在胶木棒上的线圈组成，一个为发射线圈，一个为接收线圈，分别位于被测金属材料的两侧。

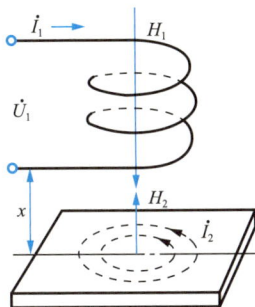

图 3-18　高频反射式电涡流传感器的原理图

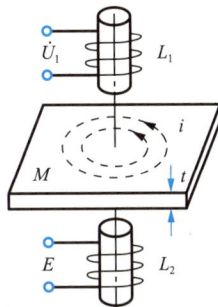

图 3-19　低频透射式电涡流传感器的原理图

当低频电压 $\dot{U}_1$ 加到发射线圈 L_1 的两端时，线圈中会产生同频率的交流电流，并在周围形成交变磁场。如果发射线圈 L_1 和接收线圈 L_2 之间没有被测物体，那么 L_1 的磁力线可以直接贯穿 L_2，导致 L_2 的两端产生交变感应电动势 E。在 L_1 和 L_2 之间放入金属板 M 后，金属板内会产生涡流 i，涡流 i 损耗了部分磁场能量，导致到达 L_2 上的磁力线减少，从而使感应电动势 E 减小。金属板 M 的厚度 t 越大，产生的涡流就越大，损耗的磁场能量就越大，得到的 E 就越小。因此，通过测量感应电动势 E 的大小，可以确定被测金属板的厚度。

为了较好地进行厚度检测，激励频率通常选 1kHz 左右。在测量薄金属板时，应使用较高的频率；而在测量厚金属板时，则选择较低的频率。在测量电阻率 ρ 较小的材料（如铜材料）时，应选择较低的频率（约 500Hz）；在测量电阻率 ρ 较大的材料（如铝材料）时，应选择较高的频率（约 2kHz），以确保在测量不同材料时能获得良好的线性和灵敏度。

3.2.1.2　电涡流式传感器的测量电路

由电涡流式传感器的工作原理可知，被测对象变化可引起涡流式传感器线圈的阻抗 Z、电感 L 或品质因数 Q 发生变化。通过测量 Z、L 或 Q，可以推导出被测量参数的变化。测量转换电路的作用是将 Z、L 或 Q 的变化转换为电压或电流的变化。

电涡流式传感器常采用谐振电路或桥式电路作为测量电路，下面主要介绍原理简单的桥式测量电路，它能将传感器线圈的阻抗变化转换为电压或电流的变化，具体电路如图 3-20 所示。

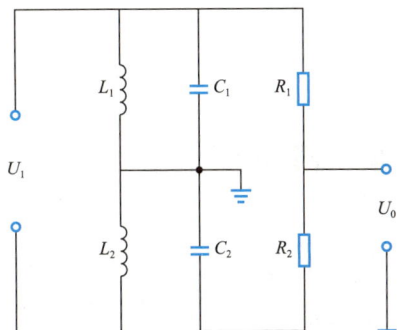

图 3-20　电涡流式传感器的桥式测量电路

L_1、L_2 为两个电涡流式传感器线圈的电感值。两个电涡流式传感器线圈组成了差动电路，起平衡电桥的作用。也可以一个是电涡流式传感器线圈，另一个是固定线圈。由 L_1 与 C_1 并联、L_2 与 C_2 并联、R_1、R_2 组成电桥的四个桥臂。

四个桥臂的阻抗分别为 $Z_1 = L_1 // C_1$，$Z_2 = L_2 // C_2$，R_1 和 R_2。在初始状态下，等式 $Z_1 R_2 = Z_2 R_1$ 成立，电桥处于平衡状态，此时 $U_0 = 0$。当被测物体与线圈耦合时，Z_1 和 Z_2 发生变化，导致电桥失去平衡，因此 $U_0 \neq 0$，通过测量 U_0 的值，可以确定被测参数的变化量。

3.2.1.3　电涡流式传感器的工程应用

在工程应用中，电涡流式传感器常用于转速测量、金属板厚度检测、表面裂纹检测、零件计数及位移测量等。

1. 转速测量

转速测量的工作原理如图 3-21 所示。如图 3-21（a）所示，在旋转体飞轮上开一条槽，并在其旁边安装一个电涡流式传感器。当被测旋转轴转动时，传感器与转轴之间的距离发生周期性的变化，并输出与槽对应的脉冲信号，如图 3-21（b）所示。通过检测系统测量脉冲的数量，可以得到被测旋转轴转动的速度。同样的方法也适用于零件计数和位移的测量。

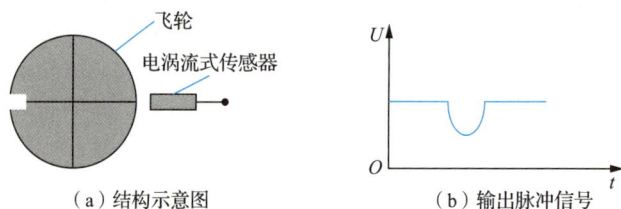

图 3-21　转速测量的工作原理

2. 金属板厚度检测

在被测金属板的上方安装有电涡流式传感器发射线圈，在被测金属板下方安装有电涡流式传感器接收线圈，如图 3-22（a）所示。金属板从中间通过时会产生电涡流，金属板越厚，涡流损失就越大，产生的感应电动势就越小，输出的电压就越小。输出的电压信号如图 3-22（b）所示。检测系统可以通过分析输出的电压信号来确定被测金属板的厚度。

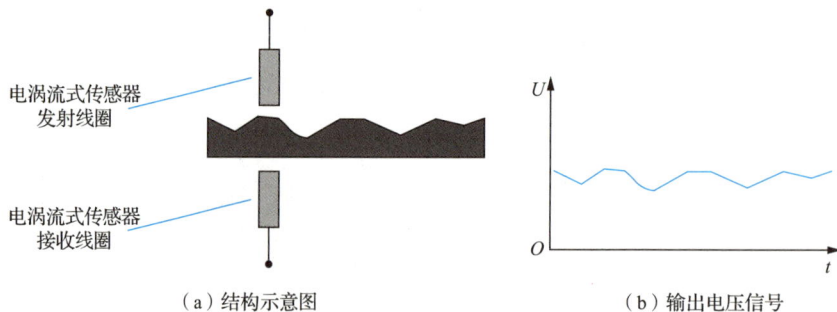

图 3-22　金属板厚度检测的工作原理

3. 表面裂纹检测

在进行表面裂纹检测时，电涡流式传感器与被测导体保持一定距离。如果在探测过程中发现裂纹，导体的电阻率和磁导率会发生变化，导致电涡流损耗改变，进而影响输出电压的大小。检测系统能够检测并识别这种变化信号，从而确定裂纹的存在及其方位，其结构示意图和输出信号如图 3-23 所示。

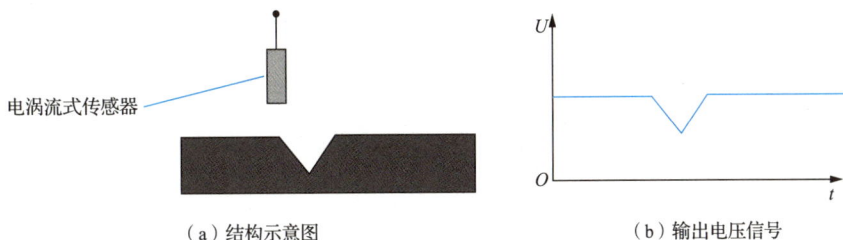

（a）结构示意图　　　　　　　　（b）输出电压信号

图 3-23　表面裂纹检测的工作原理

3.2.2　任务实施：金属表面镀膜厚度检测电路的组装与调试

3.2.2.1　实训器材

本工作任务是进行金属表面镀膜厚度检测电路的组装与调试，所用实训器材如表 3-5 所示。

表 3-5　组装与调试金属表面镀膜厚度检测电路所用具体实训器材清单

工具	电烙铁、螺钉旋具、镊子
仪表及设备	数字万用表、电源
器材	电涡流式传感器应用套件、焊锡丝、导线等

3.2.2.2　电路组成

金属表面镀膜厚度检测电路主要由振荡器、检测电桥、数据处理几部分组成，如图 3-24 所示。

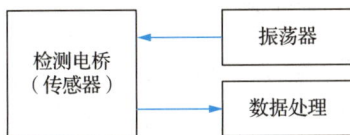

图 3-24　金属表面镀膜厚度检测电路组成框图

3.2.2.3　电路组装与调试

1. 电路原理图

金属表面镀膜厚度检测电路如图 3-25 所示。VT_1 及外围电路组成频率为 10kHz 的振荡器，其输出通过 T 耦合至电桥，为电桥提供电源。R_{P1}、R_{P2}、R_1、C_6 和电涡流式传感器 L 构成电桥。通过调节 R_{P1}、R_{P2}，可使电桥在金属表面无镀膜时接近平衡状态，几乎没有交流信号从电桥输出。当金属表面有镀膜时，传感器产生的感应电流导致电桥失去平衡，并在 A 点输出检测信号。根据这个信号即可得出镀膜厚度。

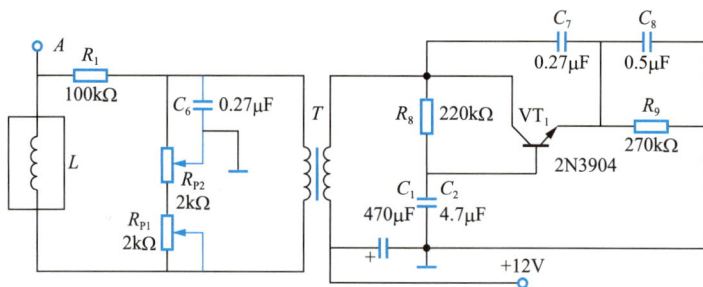

图 3-25 金属表面镀膜厚度检测电路

2. 组装与调试

1）将各元件焊接到万能板上，按照图 3-25 所示的电路正确连接，在电路图 A 端接上电压表。

2）将电涡流式传感器放在金属表面无镀膜的位置，反复调整 R_{P1}、R_{P2}，使电桥达到平衡状态，此时电压表显示为 0。

3）将电涡流式传感器放在金属表面有镀膜的位置，此时电压表显示出数值，并随镀膜厚度的变化而变化，说明电路工作正常。将 A 端信号接入单片机和显示电路，加载程序后即可通过数码管或液晶屏显示出镀膜厚度。

3.2.3 学习评价

本工作任务的学习成果评价表如表 3-6 所示。

表 3-6 学习成果评价表

序号	考核内容	分值	评分要素	自评	互评	师评
1	小组准备	10	小组分工明确，能够对学习任务内容及实施步骤进行精心准备			
2	知识运用	30	对知识的理解到位，并能熟练、准确地运用所学知识完成实践任务			
3	成果展示与任务报告	20	成果展示内容丰富、语言规范，实践活动报告结构完整、观点正确			
4	学习态度与课堂纪律	15	学习积极主动、态度认真，遵守教学秩序			
5	自主学习与动手能力	10	具有探究精神、自学意识和较强的动手能力，善于发现问题			

序号	考核内容	分值	评分要素	自评	互评	师评
6	团队配合	15	团队意识强，小组成员配合默契，问题解决及时			

综合评价：

教师或导师签字：

知识拓展

电磁炉的结构组成与工作过程

电磁炉是一种常见的厨房电器，适合于煮、炒、煎、炖等各种烹饪方式，具有高效节能、安全环保、温度控制精准和清洁方便等优点。

1. 结构组成

电磁炉主要由控制面板、电磁线圈、冷却风扇、热敏电阻、电源模块、玻璃面板和散热器等部件构成。

2. 工作过程

电磁炉的工作原理是基于电磁感应现象，将电能转化为热能，实现加热食物的目的。其基本工作过程如图 3-26 所示。

1）电流产生磁场。当电磁炉启动时，电流通过电磁线圈，在线圈周围会产生一个交变磁场。

2）磁场产生涡流。当锅具（必须是铁磁性材料，如铁或不锈钢锅）放置在电磁炉的加热区域上时，交变磁场会在锅底产生涡流。

3）涡流产生热量。这些涡流在锅底流动时，电能转化为热能，通过电阻产生热量。这种热量会直接加热锅具，从而加热锅内的食物。

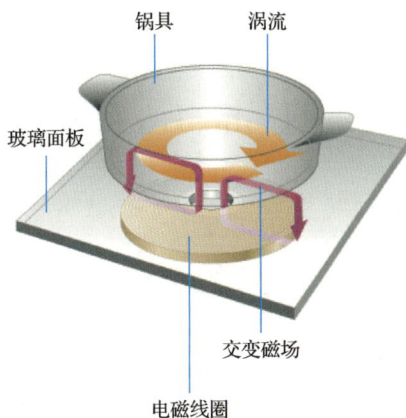

图 3-26　电磁炉的工作过程

学习小结

工作任务 3.1 主要介绍了超声波、超声波传感器及超声波传感器测距原理和应用。

声源产生的振动在空气或其他介质中的传播称为声波。频率高于 20kHz 的声波称为超声波。超声波具有束射特性、吸收特性和能量传递特性。声波的传播波形主要有纵波、横波和表面波。

压电式超声波传感器包括发射器（发射探头）和接收器（接收探头）两部分。发射探头利用逆压电效应将电能转换为机械能；接收探头利用正压电效应将机械能转换为电能。

超声波测距的原理如下：超声波发射器向特定方向发射超声波，若途中遇到障碍物，超声波会被反射，反射波被超声波接收器接收，计时器记录下超声波往返的时间 t。常温下超声波在空气中传播速度 $C=340\text{m/s}$，据此可计算出发射点距离障碍物的距离 S，$S=C \times t/2$。

汽车倒车距离测量电路由超声波收发模块、单片机控制器、显示电路和电源电路组成。

工作任务 3.2 主要介绍了电涡流式传感器的工作原理及其应用。

当块状金属导体被放置在某一变化的磁场中时，导体内会产生感应电流，这种电流在导体内形成闭合环路，类似水中的旋涡，称为电涡流或涡流。这一现象称为电涡流效应。基于电涡流效应制成的传感器称为电涡流式传感器，它是利用电涡流效应把被测量变化转换为传感线圈阻抗 Z 的变化后，再进行测量的一种装置。

对于确定的金属材料，电涡流式传感器在金属导体上产生的涡流的渗透深度仅与传感器励磁电流的频率有关，频率越高，渗透深度越小。因此，电涡流式传感器主要分为高频反射式和低频透射式两类。

在工程应用中，电涡流式传感器常用于转速测量、金属板厚度检测、表面裂纹检测、零件计数及位移测量等。

直击工考

一、填空题

1．频率在 20Hz～20kHz 范围内的声波为_____声波；低于 20Hz 的声波为_____声波；高于 20kHz 的声波为_____声波。

2．声波的传播波形主要有_____、_____和_____。

3．压电式超声波传感器的发射探头利用_____效应，将_____能转换为_____能；接收探头利用_____效应，将_____能转换为_____能。

4．在常温下，超声波在空气中传播速度 C 是_____m/s，依据计时器记录的超声波往返的时间 t，就能计算出发射点距障碍物的距离 S，$S=$_____。

5．在工程应用中，电涡流式传感器常用于_____测量、金属板_____检测、

_____测量、零件计数及位移测量等。

6．金属表面镀膜厚度检测电路主要由振荡器、_____、数据处理等电路组成。

7．当块状金属导体放置在一变化的磁场中时，导体内会产生感应电流，这种电流像水中旋涡那样在导体内是闭合的，称为电涡流或涡流，这种现象称为_____。

二、简答题

1．简述超声波的传播特性。

2．说说压电式超声波接收器和超声波发射器结构上的区别。

3．简述高频反射式电涡流传感器原理。

4．简述电涡流式传感器转速检测原理。

5．简述电涡流式传感器金属板厚度检测原理。

环境量的检测

【内容导读】

环境湿度检测和空气气体检测在日常生活和工业自动化生产过程中应用十分广泛。主要用到的传感器是湿度传感器和气敏传感器。湿度传感器是基于对湿度敏感的材料，能将空气中湿度的变化转换为电信号变化的传感器，如电阻式湿度传感器、电容式湿度传感器等；气敏传感器是能感知环境中某些气体及其浓度的一种敏感器件，它能将气体种类及其浓度的有关信息转换成电信号。按所使用材料的不同，气敏传感器可分为半导体和非半导体两大类。目前应用较广泛的是半导体气敏传感器。

本工作领域重点介绍电容式湿度传感器和半导体气敏传感器的结构、工作原理及应用。

【学习目标】

知识目标

1. 了解湿度传感器和气敏传感器的结构、类型及应用。
2. 理解湿度传感器和气敏传感器的工作原理。

能力目标

1. 能正确选择并熟练使用通用的仪器仪表及辅助设备。
2. 能进行土壤湿度检测电路、酒精检测电路的组装与调试。

思政目标

1. 增强环保意识，牢固树立和践行绿水青山就是金山银山的理念。
2. 弘扬社会主义法治精神，培养法治意识和责任意识。

工作任务 *4.1*

湿度检测——湿度传感器

【核心概念】

湿度：表示气体中水汽含量的物理量，一般指空气的湿度。

湿度传感器：一种装有湿敏元件，能够用来测量气体中水汽含量的传感器。

【学习目标】

1. 了解湿度传感器的结构、类型及应用。
2. 理解湿度传感器及测量电路的工作原理。
3. 能进行土壤湿度检测电路的组装与调试。

反季节蔬菜种植是"菜篮子"工程的重要组成部分。反季节蔬菜种植对温度、光照、湿度等条件有较高要求，因此土壤湿度的控制是反季节蔬菜种植的重要技术之一。为了确保对土壤湿度的精准控制，蔬菜种植基地使用了如图 4-1 所示的土壤湿度智能数据采集系统。此系统配备的湿度传感器负责检测各个大棚内土壤的湿度，并将采集到的数据传送到系统计算机中进行存储和分析。

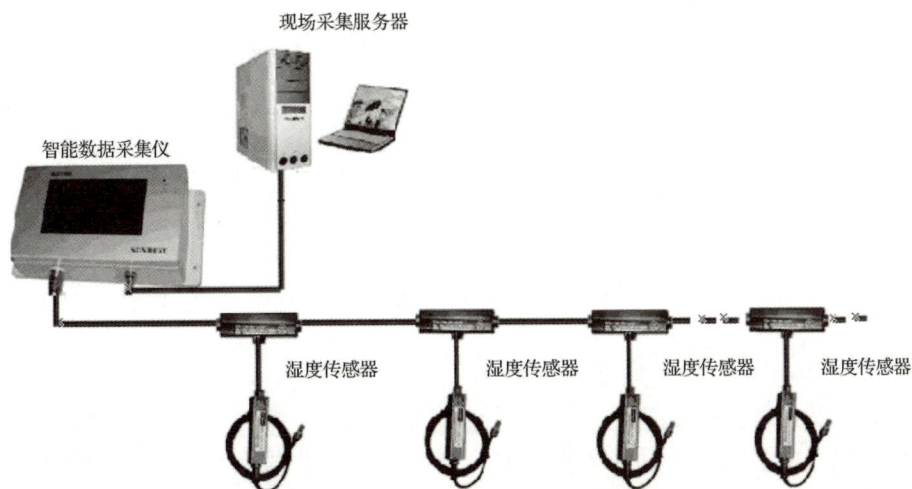

图 4-1 土壤湿度智能数据采集系统

4.1.1　知识准备:湿度、湿度传感器原理及其应用

4.1.1.1　湿度概述

在自然界中,凡是有水和生物的地方,在其周围的大气环境中都会是含有或多或少的水汽(即水蒸气)。大气中水汽的含量反映了空气的湿润程度,通常用湿度来表示。湿度是衡量空气中水汽含量的物理量,常用绝对湿度、相对湿度、露点等参数表示。

1. 绝对湿度

绝对湿度是指单位体积的气体中含水汽的质量,其表达式为

$$H_d = \frac{m_V}{V} \qquad (4\text{-}1)$$

式中: m_V ——待测气体中水汽质量;

V ——待测气体的总体积。

2. 相对湿度

相对湿度是指待测气体中水汽气压与相同温度下饱和水汽气压的比值的百分数。它是量纲为一的量,其表达式为

$$\varphi = \frac{P_V}{P_W} \times 100\% \qquad (4\text{-}2)$$

式中: P_V ——某温度下待测气体的水汽气压;

P_W ——与待测气体温度相同时水的饱和水汽气压。

3. 露点

在一定大气压下,将含有水蒸气的空气冷却,当温度下降到某一特定值时,空气中的水蒸气达到饱和状态,开始从气态变成液态而凝结成露珠,这种现象称为结露,这一特定温度称为露点温度,简称露点。如果这一特定温度低于 0℃,水汽将凝结成霜,此时的温度也称为霜点。通常将这两个术语统称为露点,其单位为℃。

4.1.1.2　湿度传感器的结构

湿敏元件是指对环境湿度具有响应并能将其转换为相应的可测信号的元件。

湿度传感器由湿敏元件和转换电路组成,具有将环境湿度转换为电信号的能力。湿度传感器的结构如图 4-2 所示。其中,湿敏元件通过感湿膜感知环境湿度的变化,而转换元

件通过放大器、鉴频器等将湿敏元件感知到的物理变化转换为可测量的电信号。湿敏元件的主要类型包括湿敏电容和湿敏电阻。

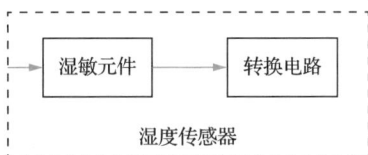

图 4-2　湿度传感器的结构框图

4.1.1.3　湿度传感器的主要类型及工作原理

1. 湿度传感器的主要类型

湿度传感器的种类繁多，在实际应用中主要包括电阻式和电容式两大类。图 4-3 所示为各种类型的湿度传感器。

图 4-3　各种类型的湿度传感器

根据湿敏材料对水的亲和力的不同，湿度传感器可分为亲水型湿度传感器和非亲水型湿度传感器。亲水型湿度传感器通过湿敏材料吸附（物理吸附和化学吸附）水分子，从而改变其电气性能（如电阻、介电常数、阻抗等）；非亲水型湿度传感器则主要基于物理效应，包括红外吸收式湿度传感器、超声波式湿度传感器和微波式湿度传感器。

目前，比较常用的湿度传感器是亲水型湿度传感器。亲水型湿度传感器又分为电阻式湿度传感器（以湿敏电阻作为感湿元件）和电容式湿度传感器（以湿敏电容作为感湿元件）两种类型。表 4-1 列出了两种湿度传感器的性能比较。

表 4-1　电阻式、电容式湿度传感器性能比较

	电阻式湿度传感器	电容式湿度传感器
结构		
工作机理	湿度引起电阻值的变化	湿度引起电容量的变化
类型	金属氧化物湿敏电阻、硅湿敏电阻和陶瓷湿敏电阻等	湿敏电容一般是用高分子薄膜电容制成的，常用的高分子材料有聚苯乙烯、聚酰亚胺、醋酸纤维等
性能特点	响应速度快、体积小、线性度好、稳定性好，灵敏度高，但产品互换性差	响应速度快、灵敏度高、产品互换性好，便于制造，容易实现小型化和集成化，但准确度较电阻式湿度传感器低
使用场合	应用于洗衣机、空调、录像机、微波炉等家用电器，以及工业、农业等领域的湿度检测和湿度控制	应用于气象、航空航天、国防工程、电子、纺织、粮食、医疗卫生及生物工程等领域的湿度测量和控制

2. 湿度传感器的工作原理

（1）电阻式湿度传感器

电阻式湿度传感器的工作原理如图 4-4 所示。电阻式湿度传感器采用湿敏电阻作为湿敏元件。湿敏电阻在其基片上覆盖了一层用感湿材料制成的膜（感湿膜），当空气中的水蒸气吸附在感湿膜上时，其电阻率上升，电阻与湿度成线性关系。电阻式温度传感器正是利用这一特性来测量湿度的。

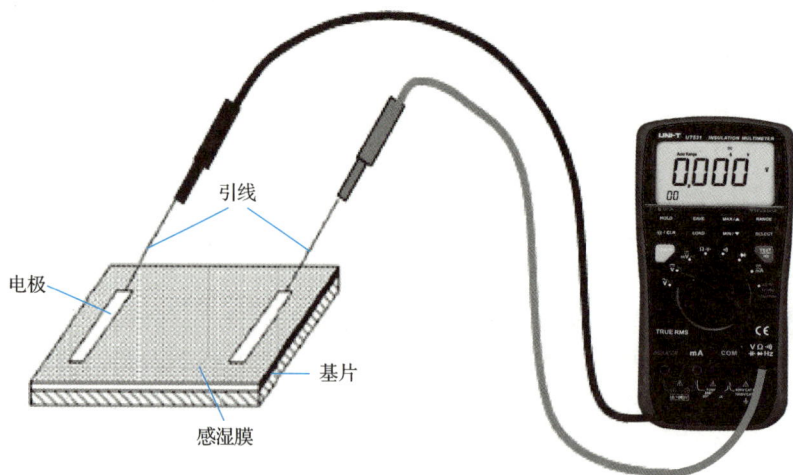

图 4-4　电阻式湿度传感器的工作原理

（2）电容式湿度传感器

电容式湿度传感器采用湿敏电容作为湿敏元件。在电容平行板的上下电极中间加入一层感湿膜，即构成了电容式湿度传感器。电极材料通常采用铝、金、铬等金属，而感湿膜采用半导体氧化物或高分子材料。

图 4-5 所示为电容式湿度传感器的结构。在单晶硅的表面覆盖一层 SiO_2（二氧化硅）绝缘膜，并在单晶硅的底部镀上一层铝，作为电容的一个电极；绝缘膜的上面分别覆盖一层高分子感湿膜和多孔金材料，多孔金材料和镀在其上的铝材料构成电容的另一个电极。空气中的水分子透过多孔金电极被感湿膜吸附，使得两电极间的介电常数发生变化。环境湿度越大，感湿膜吸附的水分子就越多，湿度传感器的电容量也随之增加。根据电容量的变化可测得空气的相对湿度。

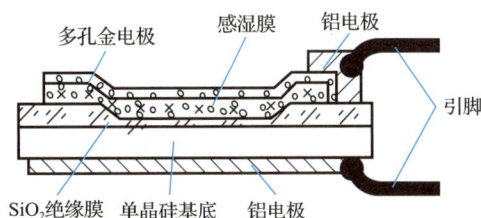

图 4-5　电容式湿度传感器的结构

湿度传感器的工作原理框图如图 4-6 所示。

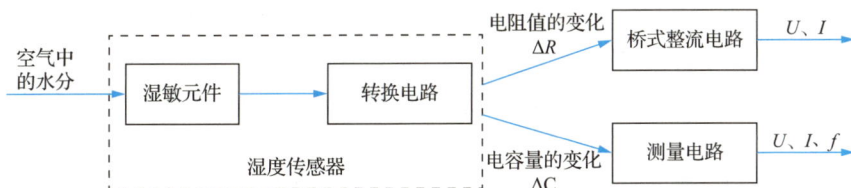

图 4-6　湿度传感器的工作原理框图

4.1.1.4　湿度传感器的测量电路

1. 电阻式湿度传感器的测量电路

在电阻式湿度传感器中，最常用的是 LiCl（氯化锂）湿度传感器。需要注意的是，在实际应用中，氯化锂湿度传感器必须使用交流电桥来测量其阻值，不能使用直流电源，以防氯化锂溶液发生电解，导致传感器性能劣化甚至失效。

微课：湿度传感器的测量电路

电阻式湿度传感器的测量电路由振荡器、电桥、放大器、桥式整理电路等部分组成，如图 4-7 所示。振荡器为电路提供交流电源。电桥的一臂为湿敏电阻式。当湿度保持不变时，电桥输出电压为零；一旦湿度发生变化，湿度传感器的电阻值将发生变化，使电桥失去平衡，从而在输出端产生电压并输出电压信号。放大器将输出电压信号放大后，通过桥式整流电路将交流电压转换为直流电压，送至直流电压表显示，电压的大小直接反映出湿度的变化量。

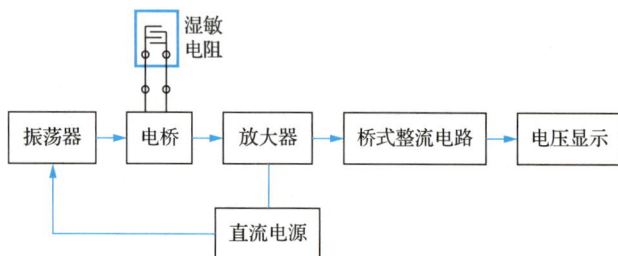

图 4-7　电阻式湿度传感器的测量电路框图

2. 电容式湿度传感器的测量电路

电容式湿度传感器的测量电路主要包括振荡器、限幅放大器和鉴频器等部分，如图 4-8 所示。

图 4-8　电容式湿度传感器的测量电路框图

振荡器是整个测量电路的核心部分，它为系统提供一个稳定的交流信号。在振荡器中，湿敏电容作为振荡电容，其电容值随环境湿度的变化而变化。随着湿敏电容值的变化，振荡器的频率也发生变化，当环境湿度增加时，湿敏电容吸收更多水分，电容值增大，导致振荡频率降低；湿度减少时，电容值减小，振荡频率升高。振荡频率与环境湿度成线性关系。

振荡器输出的信号经过限幅放大器。限幅放大器的作用是将振荡器输出的信号幅度稳定在一个恒定值，从而避免由于信号幅度变化导致的测量误差。限幅放大器输出的信号依然是交流信号，但其幅度是稳定的。

鉴频器将限幅放大器输出的稳定交流信号转换为与频率成比例的直流信号。由于振荡频率与湿度成线性关系，鉴频器输出的直流信号的电压值也与湿度成线性关系。通过测量鉴频器输出的电压值，可以得到环境的湿度值。

4.1.1.5　湿度传感器的应用

湿度传感器广泛应用于气象、军事、工业（特别是纺织、电子、食品、烟草工业）、农业、医疗、建筑、家用电器及日常生活等需要湿度监测、控制与报警的场合。

1. 汽车风窗玻璃自动除湿控制

图 4-9 所示为汽车风窗玻璃的自动除湿控制电路。其目的是防止驾驶室的风窗玻璃结露或结霜，以保证驾驶员视线清晰，避免事故发生。该电路也可用于其他需要除湿的场所。在图 4-9 中，R_S 为加热电阻丝，需将其嵌入风窗玻璃内；H 为结露湿敏元件。一旦湿度增大，湿敏元件 H 的等效电阻 R_P 电阻值下降到某一特定值，使负载继电器线圈通电，其常开触点 1、2 接通，使电阻丝 R_S 通电，开始加热风窗玻璃，驱散湿气。当湿气减少到一定程度时，$R_P // R_2$ 恢复到不结露的电阻值，继电器断电，其常开触点断开，使电阻丝断电，停止加热，从而实现了自动除湿控制。

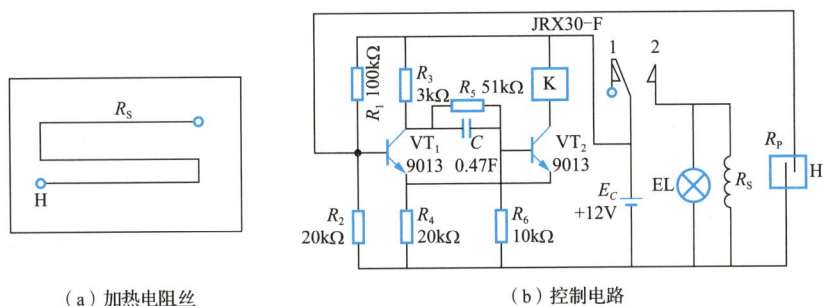

（a）加热电阻丝　　　　　　　　　（b）控制电路

图 4-9　汽车风窗玻璃自动除湿控制电路

2. 简易育秧棚湿度指示仪

育秧棚内往往因为湿度过高而影响秧苗的正常生长，因此需要一个能指示棚内湿度的简单仪器，以便及时排湿，保证秧苗的培育。

简易育秧棚湿度指示仪如图 4-10 所示。图 4-10（a）为育秧棚湿度指示仪的实物图，图 4-10（b）为育秧棚湿度指示仪的电路图。R_H 为氯化锂湿度传感器，它和电阻 R_P、R_1、R_2 组成测湿电桥。当相对湿度正常时，湿度传感器的阻值很大，比较器输出端为低电平，绿色发光二极管 VD_2 亮起，表示湿度在正常范围内。当育秧棚内湿度达到一定程度时，湿度传感器 R_H 的阻值会减小，比较器输出端为高电平，此时红色发光二极管 VD_1 亮起，表示育秧棚内相对湿度较高，已经超出正常范围。调节电位器 R_P 可改变湿度的设定值。

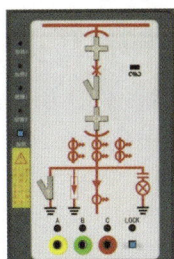

（a）育秧棚湿度指示仪

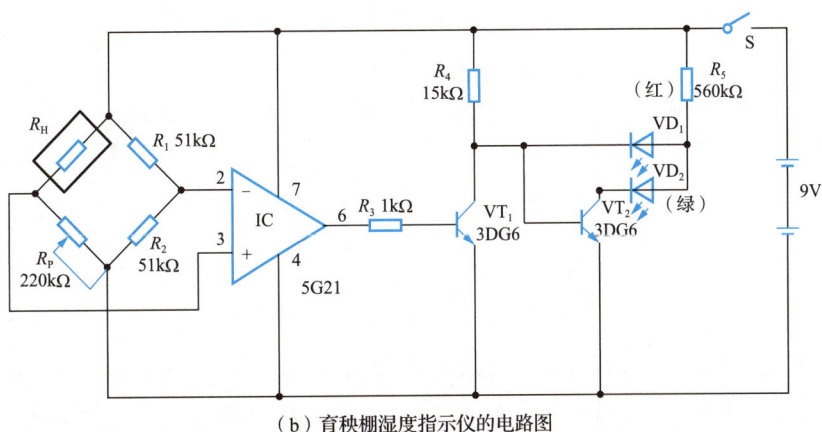

（b）育秧棚湿度指示仪的电路图

图 4-10　简易育秧棚湿度指示仪

4.1.2 任务实施：土壤湿度检测电路的组装与调试

4.1.2.1 实训器材

本工作任务是进行土壤湿度检测电路的组装与调试，所用实训器材如表 4-2 所示。

表 4-2 组装与调试土壤湿度检测电路所用实训器材清单

工具	电烙铁、螺钉旋具、镊子
仪表及设备	数字万用表、电源
器材	土壤湿度检测电路套件、焊锡丝、导线

4.1.2.2 电路组成

土壤湿度检测电路由湿度传感器、转换电路、单片机、按键、液晶显示器等几部分组成，如图 4-11 所示。湿度传感器型号为 HS1101，单片机型号为 STC89C51/52。

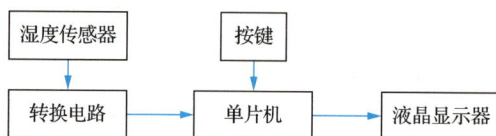

图 4-11 土壤湿度检测电路框图

因为 HS1101 湿度传感器为电容性元件，所以采用 NE555 振荡器来检测其频率。STC89C51/52 单片机通过中断方式检测振荡频率，并根据该频率值计算湿度值。

4.1.2.3 土壤湿度检测仪组装

1. 元器件清单

质量检测电路包括万用板、单片机电容、电阻等，具体如表 4-3 所示。

表 4-3 土壤湿度检测电路元器件清单

名称	数量	名称	数量	名称	数量
7×9 万用板	1	10μF 电解电容	1	1.5kΩ 电阻	1
1602 液晶显示器	1	HS1101 湿度传感器	1	2MΩ 电阻	2
STC89C51/52 单片机	1	103 排阻	1	105 电位器	1
40 脚 IC 座	1	按键	4	排针	2
NE555 振荡器	1	扬声器	1	红色 LED、黄色 LED	2
8 脚 IC 座	1	10kΩ 电阻	2	杜邦线	2
16P 母座	1	1kΩ 电阻	1	自锁开关	1
16P 排针	1	9012 晶体管	1	DC 电源接口	1
12MHz 晶振	1	2.2kΩ 电阻	3	USB 电源线	1
30pF 电容	2	30kΩ 电阻	1	导线若干	1

2. 电路原理图

在湿度检测电路中，单片机的 P3.3 端口用于信号输入，P0 端口用于液晶显示器数据输出，P2 端口用于液晶显示控制，P1.3～P1.5 端口用于按键输入。具体如图 4-12 所示。

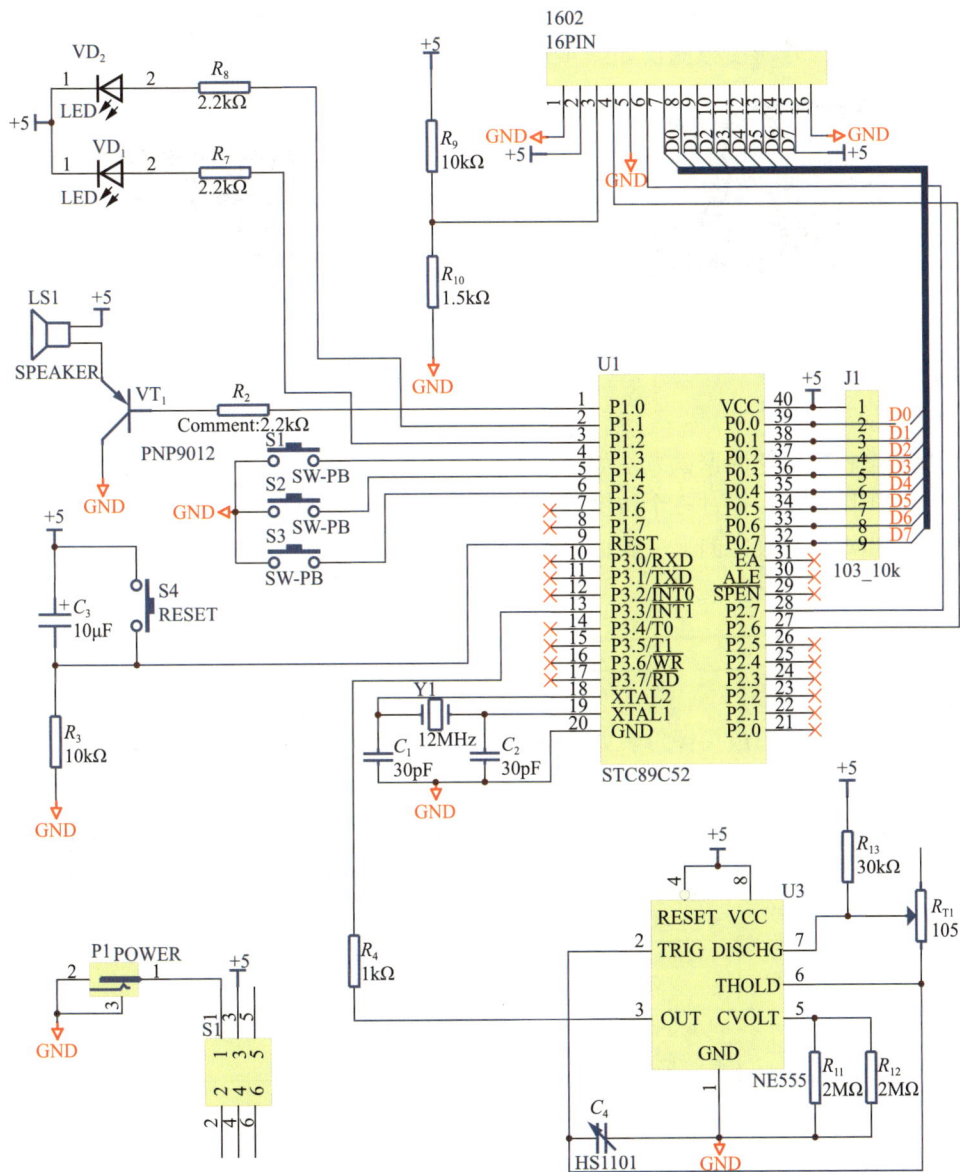

图 4-12　湿度检测电路原理图

3. 组装与调试

（1）组装

按元器件清单核对并检查所有元器件后，组装土壤湿度检测仪。

1）安装电阻，采用卧式沉底安装的方式。

2）安装电容和晶振。由于需要安装液晶显示器，应注意电容的安装高度，所以电解电容应采用卧式安装。

3）安装开关、电源、排阻和芯片底座。

4）安装液晶显示器和湿度传感器。

组装完毕的土壤湿度检测仪如图 4-13 所示。

（a）元件安装布局（1）　　　　　　　　　（b）元件安装布局（2）

图 4-13　土壤湿度检测仪的安装图

（2）调试

土壤湿度检测电路的调试方法如下：

湿度上下限值可以通过三个按键进行加减修改。当湿度超过设定限值后，红色 LED 信号灯亮起；当湿度在设定的上下限值范围内时，黄色 LED 指示灯亮起。

4.1.3　学习评价

本工作任务的学习成果评价表如表 4-4 所示。

表 4-4　学习成果评价表

序号	考核内容	分值	评分要素	自评	互评	师评
1	小组准备	10	小组分工明确，能够对学习任务内容及实施步骤进行精心准备			
2	知识运用	30	对知识的理解到位，并能熟练、准确地运用所学知识完成实践任务			
3	成果展示与任务报告	20	成果展示内容丰富、语言规范，实践活动报告结构完整、观点正确			
4	学习态度与课堂纪律	15	学习积极主动、态度认真，遵守教学秩序			
5	自主学习与动手能力	10	具有探究精神、自学意识和较强的动手能力，善于发现问题			
6	团队配合	15	团队意识强，小组成员配合默契，问题解决及时			

综合评价：

教师或导师签字：

酒驾检测——气敏传感器

【核心概念】

气敏元件：性能参数随外界气体种类和浓度变化而改变的工作元件。

气敏传感器：一种装有气敏元件，能将检测到的气体成分和浓度转换成可用输出信号的传感器，也称气体传感器。

【学习目标】

1. 了解气敏传感器的类型及应用。

2. 理解气敏传感器及测量电路的工作原理。

3. 能进行酒精检测电路的组装与调试。

随着我国经济的快速发展，人们的安全意识和环保意识不断提高。为保障生产安全和人身安全，人们常用气敏传感器来检测环境中可燃气体、烟雾、酒精等的浓度。

气敏传感器是一种将特定气体浓度等信息转换成相应电信号的转换器，最初用于可燃性气体泄漏报警。在此后逐渐推广应用中，常被用于有毒气体的检测、容器或管道的检漏、环境监测、锅炉及汽车的燃烧检测与控制、工业过程的检测与自动控制。近年来，在医疗、空气净化、家用燃气灶、热水器和酒精检测等方面，气敏传感器得到了更加广泛的应用。

> **问题导入**
>
> 可燃性气体、有毒气体、有害气体的泄漏可能导致严重的安全危害，那么如何有效检测这些有害气体呢？

4.2.1　知识准备：气敏传感器的结构、原理及应用

4.2.1.1　气敏传感器的结构

气敏传感器是一种用来检测特定气体类别、成分和浓度的传感器。它能将检测到的气体（特别是可燃气体）的种类、成分、浓度等有关信息转换为电阻（或电压、电流）的变化。图 4-14 所示为常用气敏传感器的外形。

微课：气敏传感器

图 4-15 所示为 TGS109 型气敏传感器的内部结构。气敏传感器通常由外壳、气敏元件、转换元件、加热器和引脚等部分构成。从图 4-15 可以看出，TGS109 型气敏传感器的核心部件是 SnO_2（二氧化锡）半导体，因为 SnO_2 半导体既充当敏感元件，又充当转换元件。

图 4-14　常用气敏传感器的外形

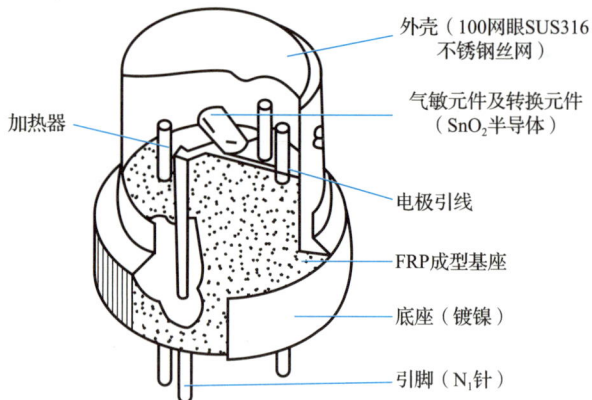

外壳（100网眼SUS316
不锈钢丝网）

气敏元件及转换元件
（SnO_2半导体）

加热器

电极引线

FRP成型基座

底座（镀镍）

引脚（N_1针）

图 4-15　TGS109 型气敏传感器的内部结构

4.2.1.2　气敏传感器的工作原理

气敏传感器是一种能感知环境中某些气体及其浓度的敏感器件，它将气体种类及其浓度的有关信息转换为电信号。气敏传感器的工作原理基于气体与传感器气敏元件的相互作用。当被测气体分子与气敏元件表面的材料接触时，发生化学反应或物理作用，引起材料电阻（或电压、电流）的变化。传感器将这些变化转换为电信号并传输给测量电路，从而实现对气体种类、成分和浓度的检测。其工作原理框图如图 4-16 所示。

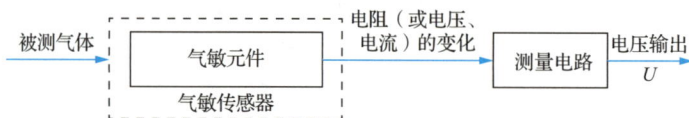

图 4-16　气敏传感器工作原理框图

图 4-15 所示的 TGS109 型气敏传感器是一种电阻式半导体气敏传感器。这一类气敏传感器的工作原理基于吸附效应。当周围环境达到一定温度时，半导体材料表面会吸附空气中的氧分子，氧分子从半导体材料表面夺取电子，导致其电子密度减小，电阻值增大。当遇到可燃性气体或毒气（氢气、一氧化碳或醇类）时，这些气体会释放出电子，使半导体材料中的电子密度增大，从而使电阻值减小。

为了提高气敏传感器对某些气体成分的灵敏度，半导体材料中通常会掺入催化剂，如钯（Pd）、铂（Pt）、银（Ag）等。掺入的催化剂种类不同，气敏传感器能检测的气体成分也不同。

4.2.1.3　气敏传感器的种类

气敏传感器种类繁多，按所使用材料的不同，气敏传感器可分为半导体和非半导体两大类。目前使用最广泛的是半导体气敏传感器。

按半导体变化的物理特性不同,半导体气敏传感器又可细分为电阻式和非电阻式两类。电阻式半导体气敏传感器是利用其电阻值的改变来反映被测气体的浓度,而非电阻式气敏传感器则利用半导体的某种特性对气体的浓度进行直接或间接检测。

1. 电阻式半导体气敏传感器的种类及其结构

电阻式半导体气敏传感器具有灵敏度高、体积小,价格低廉、使用及维修方便等特点,因此广泛用于酒精、可燃性气体和氧气的检测。常见的电阻式半导体气敏传感器包括烧结型、薄膜型和厚膜型三种结构。其中烧结型工艺最成熟,应用最广泛。

烧结型气敏传感器以 SnO_2 半导体材料为基体,将铂电极和加热丝嵌入 SnO_2 材料中,采用传统制陶工艺烧结成形,称为半导体陶瓷。烧结型气敏传感器按其加热方式又分为内热式和旁热式两种。

(1)内热式烧结型气敏传感器

内热式烧结型气敏传感器如图 4-17(a)所示。其缺点主要有:热容量小,容易受环境影响;测量回路与加热回路未隔离,容易互相影响;加热丝在加热和不加热状态下产生胀缩,容易造成与材料的接触不良。

(2)旁热式烧结型气敏传感器

旁热式烧结型气敏传感器如图 4-17(b)所示。旁热式克服了内热式烧结型气敏传感器的缺点。其热容量大,降低了环境对元件加热温度的影响,保持了材料结构的稳定性。其测量电极与加热丝分开,加热丝不与气敏元件接触,避免了回路间的互相影响,检测结果更准确。

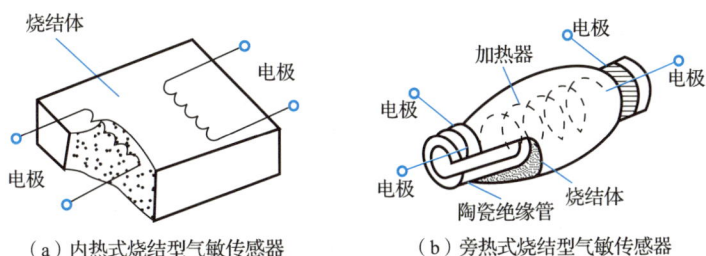

（a）内热式烧结型气敏传感器　（b）旁热式烧结型气敏传感器

图 4-17　烧结型气敏传感器

上述气敏传感器的共同之处是皆附有加热丝,其作用是在 200~400℃温度下,将吸附在敏感元件表面的尘埃、油雾等烧掉,同时加速气体的吸附或脱附,从而提高响应速度。

2. 非电阻式半导体气敏传感器的种类及其结构

除利用半导体材料与气体接触时电阻发生变化的效应制成的气敏传感器外,还有一些基于其他机理制成的气敏传感器。

1)FET 型气敏传感器。场效应晶体管(field effect transistor,FET)可通过栅极外加电场来控制漏极电流。FET 型气敏传感器就是基于环境气体对这种控制作用的影响来工作的,主要用于对氢气和硫化氢的检测。

2)二极管式气敏传感器。二极管式气敏传感器基于二极管的整流特性随周围气体变化而变化的效应制成,可通过测量一定偏置电压下的电流或一定电流时的偏置电压来检测气体,主要用于对氢气、一氧化碳和酒精的检测。

4.2.1.4　气敏传感器的测量电路

1. 基本测量电路

图 4-18 所示为气敏传感器的电气符号和基本测量电路（包括加热回路和测试回路）。在常温下，传感器的电导率变化不大，无法达到检测目的。因此，在器件中加入了加热丝，使气敏传感器在 200～450℃的高温下工作，能加速对被测气体的吸附和氧化还原反应，提高灵敏度和响应速度；同时，通过加热还可以烧去附着在壳面上的油雾和尘埃。电源不仅为气敏传感器提供工作电压，还为气敏传感器的加热丝提供加热电压。加热时间为 2～3min，加热电压一般为 5V。

（a）电气符号　　　　　（b）基本测量电路

图 4-18　气敏传感器的电气符号和基本测量电路

2. 温度补偿电路

气敏传感器的电阻值受温度和湿度的影响。当温度和湿度较低时，气敏传感器的电阻值较大；当温度和湿度较高时，气敏传感器的电阻值较小。因此，即使气体浓度相同，电阻值也会有所不同，需要进行温度补偿。

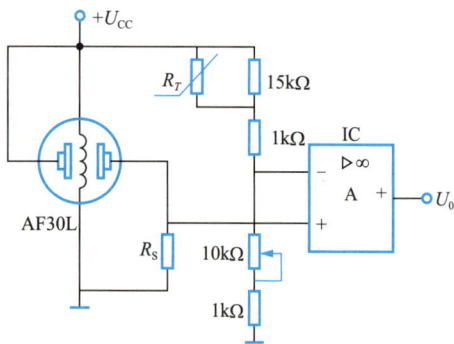

图 4-19　温度补偿电路

常用的温度补偿电路如图 4-19 所示。在比较器 IC 的反相输入端接入负温度系数的热敏电阻 R_T。当温度降低时，气敏传感器 AF30L 的电阻值变大，使 U_+ 变小；同时，R_T 的电阻值增大，使比较器的基准电压 U_- 也变小。当温度升高时，气敏传感器的电阻值变小，使 U_+ 变大；同时，R_T 的电阻值减小，使比较器的基准电压 U_+ 增大，从而实现温度补偿。

4.2.1.5　气敏传感器的应用

气敏传感器在可燃性气体泄露报警、有毒气体检测、容器或管道检漏、环境监测（防止公害）、工业过程检测与自动控制、医疗等方面具有广泛的应用。

1. 简易家用天然气报警器

目前，家用天然气灶和天然气热水器的使用已经十分普遍。天然气的主要成分是甲烷，若天然气泄漏，轻则影响人的健康，重则对人身安全和财产造成损害（甲烷浓度达到4%～

16%时会爆炸)。因此,在家中容易漏气的位置安装天然气报警器,监控空气中的天然气浓度并及时报警是非常重要的。

家用天然气报警器实物图和检测原理电路图如图 4-20 所示。报警器接通电源后,当室内空气中的天然气浓度低于 1%时,气敏传感器的阻值较大,电流较小,蜂鸣器不发声;当室内空气中的天然气浓度高于 1%时,气敏传感器的阻值降低,流经电路的电流变大,可直接驱动蜂鸣器发声报警。

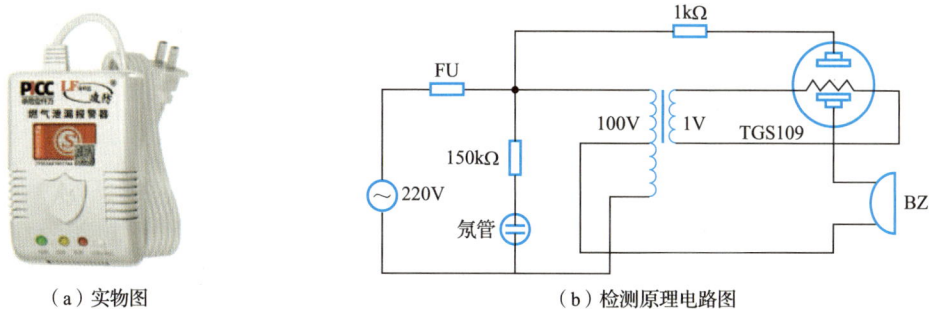

(a)实物图　　　　　(b)检测原理电路图

图 4-20　家用天然气报警器实物图和检测原理电路图

2. 自动空气净化换气扇

利用 SnO_2(二氧化锡)气敏器件,可以设计用于空气净化的自动换气扇。图 4-21 是自动空气净化换气扇的电路原理图。当室内空气污浊时,烟雾或其他污染气体使气敏器件阻值下降,晶体管导通,继电器动作,接通风扇电源,实现风扇自动启动,排放污浊气体,换进新鲜空气。当室内污浊气体浓度下降到设定的数值时,气敏器件阻值上升,继电器断开,切断风扇电源,风扇停止工作。

图 4-21　自动空气净化换气扇的电路原理图

4.2.2　任务实施:酒精检测电路的组装与调试

4.2.2.1　实训器材

本工作任务是进行酒精检测电路的组装与调试,所用实训器材如表 4-5 所示。

表 4-5　组装与调试酒精检测电路所用实训器材清单

工具	电烙铁、螺钉旋具、镊子
仪表及设备	数字万用表、电源
器材	酒精检测电路套件、焊锡丝、导线

4.2.2.2　电路组成

酒精检测电路由酒精传感器、测量电路、单片机、按键、液晶显示器等部分组成，如图 4-22 所示。

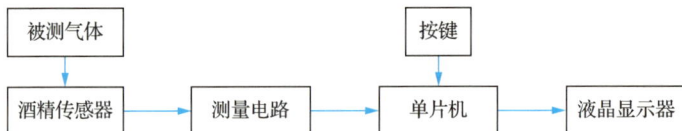

图 4-22　酒精检测电路框图

4.2.2.3　酒精浓度测试仪安装

1. 元器件清单

酒精检测电路包括万用板、酒精传感器模块、单片机、电容、电阻等，具体如表 4-6 所示。

表 4-6　酒精检测电路元器件清单

名称	数量	名称	数量
100kΩ 电阻	1	4P 排针母座	1
2.2kΩ 电阻	2	16P 排针母座	1
10kΩ 电阻	4	DC002 电源座	1
10μF 25V 电解电容	1	STC12C5A 单片机（已下载好程序）	1
30pF 瓷片电容	2	IC 座 40P	1
12MHz 晶振	1	AT24C02 存储电路	1
103 排阻（10kΩ　9 脚）	1	IC 座 8P	1
ϕ5mm 红色 LED	1	MQ-3 酒精传感器模块	1
ϕ5mm 黄色 LED	1	1602 液晶显示器（黄绿屏，黑字）	1
6×6×5 轻触按键	3	DC002 电源线	1
8×8 自锁开关	1	导线若干	1
16P 排针（2.54 间距）	1	焊锡若干	1
单面喷锡万用板 7×9	1		

2. 电路原理图

酒精检测电路由单片机芯片、酒精传感器模块、AT24C02 存储电路、LED 指示电路、1602 液晶显示器构成。电路通过酒精传感器模块检测空气中的酒精浓度，并在 1602 液晶显示器上显示酒精浓度和醉酒阈值。当空气中的酒精浓度大于醉酒阈值时，红灯亮。黄灯的报警值通过模块上的电位器调节阀设置。酒精检测电路原理图如图 4-23 所示。

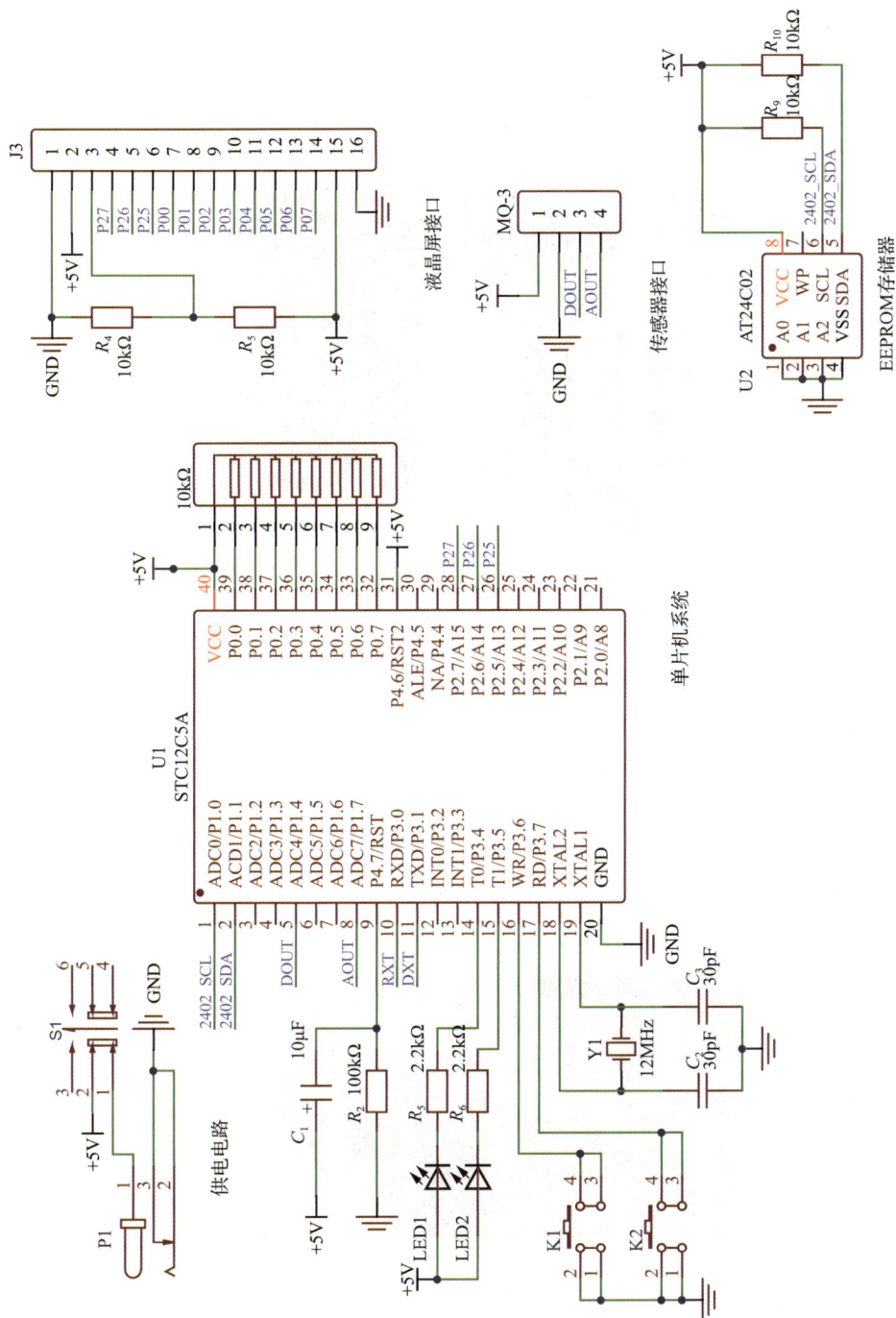

图 4-23　酒精检测电路原理图

3. 组装与调试

酒精浓度测试仪由单片机芯片、最小系统、酒精传感器模块、AT24C02 存储电路、LED 指示电路、1602 液晶显示器、电阻、电容等组成，具体如图 4-24 所示。

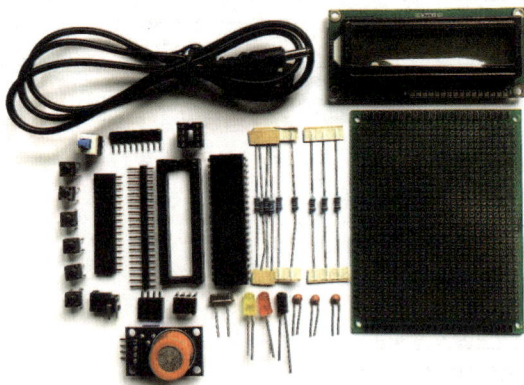

图 4-24　酒精浓度测试仪散件

（1）组装

按元器件清单核对并检查所有元器件后组装酒精浓度测试仪。

1）安装电阻，采用卧式沉底安装的方式。

2）安装电容和晶振。为了安装液晶显示器，应注意电容的安装高度，电解电容应采用卧式安装。

3）安装开关、电源、排阻和芯片底座。

4）安装液晶显示器和酒精检测传感器。

组装完毕的酒精浓度测试仪如图 4-25 所示。

图 4-25　组装完毕的酒精浓度测试仪

（2）调试

1）预热。安装完成后，将酒精浓度测试仪通电。传感器第一次通电时，预热时间会比较长，需等待预热完成。预热完成后，液晶显示器显示空气中测得的酒精浓度，因为是清洁空气，所以浓度比较低，没有达到事先设定的报警阈值（80mg/L），故报警灯不亮。

2）对未饮酒者进行测试。未饮酒者对酒精浓度测试仪传感器探头吹气时，液晶显示器显示的酒精浓度开始变化，但不会超过报警阈值，故报警灯不亮。吹气完毕后，显示值缓慢回落。

3）进行醉酒测试。饮酒者（或用酒精棉球代替）对酒精浓度测试仪传感器探头吹气时，液晶显示器显示的酒精浓度快速上升，很快超过报警阈值，报警灯亮起。吹气完毕后，显示值缓慢回落。

4）调整报警阈值。可以通过按键调整报警阈值，按"增大"键可增大报警阈值，按"减小"键可减小报警阈值。调整后的阈值将保存在 EEPROM 芯片 AT24C02 中，系统重新通电后仍保持原来设定好的阈值。

4.2.3　学习评价

本工作任务的学习成果评价表如表 4-7 所示。

表 4-7　学习成果评价表

序号	考核内容	分值	评分要素	自评	互评	师评
1	小组准备	10	小组分工明确，能够对学习任务内容及实施步骤进行精心准备			
2	知识运用	30	对知识的理解到位，并能熟练、准确地运用所学知识完成实践任务			
3	成果展示与任务报告	20	成果展示内容丰富、语言规范，实践活动报告结构完整、观点正确			
4	学习态度与课堂纪律	15	学习积极主动、态度认真，遵守教学秩序			
5	自主学习与动手能力	10	具有探究精神、自学意识和较强的动手能力，善于发现问题			
6	团队配合	15	团队意识强，小组成员配合默契，问题解决及时			

综合评价：

教师或导师签字：

知识拓展

湿度传感器与气敏传感器的特性

1. 湿度传感器的特性

湿度传感器的主要特性有以下几点。

（1）感湿特性

感湿特性为湿度传感器特征量（如电阻值、电容值和频率值等）与湿度变化的关系，常用感湿特征量和相对湿度的关系曲线来表示，如图 4-26 所示。

（2）湿度量程

湿度量程为湿度传感器技术规范规定的感湿范围。

（3）灵敏度

灵敏度为湿度传感器的感湿特征量（如电阻和电容值等）随环境湿度变化的程度，通常用感湿特性曲线的斜率来表示。由于大多数湿度传感器的感湿特性曲线是非线性的，因此，常用不同环境下的感湿特征量之比来表示其灵敏度的大小。

（4）湿滞特性

湿度传感器在吸湿过程和脱湿过程中，吸湿曲线与脱湿曲线不重合，而是形成一个环形线。这一特性称为湿滞特性，如图 4-27 所示。

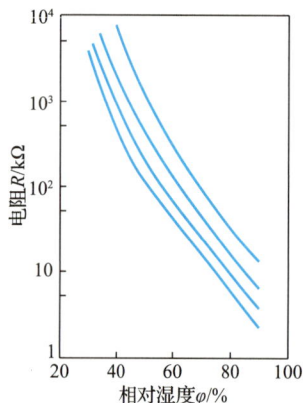

图 4-26　湿度传感器的感湿特性　　　　图 4-27　湿度传感器的湿滞特性

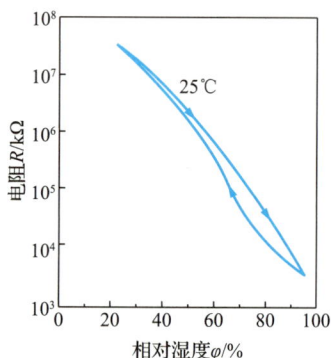

（5）响应时间

响应时间为在一定环境温度下，当相对湿度发生跃变时，湿度传感器的感湿特征量达到稳定变化量的规定比例所需的时间。一般以起始湿度和终止湿度之间 90%的相对湿度变化所需的时间来计算。

（6）感湿温度系数

当环境湿度恒定时，温度每变化 1℃，引起湿度传感器感湿特征量的变化量为感湿温度系数。

（7）老化特性

老化特性为湿度传感器在一定温度和湿度环境下存放一定时间后，其感湿特性会发生变化的特性。

综上所述，一个理想的湿度传感器应具备的性能和参数如下。

1）使用寿命长，稳定性好。

2）灵敏度高，感湿特性曲线的线性度好。

3）使用范围广，感湿温度系数小。

4）响应时间短。

5）湿滞回差小。

6）能在恶劣的环境中使用。

7）器件的一致性和互换性好，易于批量生产，成本低廉。

8）器件感湿特征量应在易测范围之内。

2. 气敏传感器的特性

1）能够检测易爆炸气体的允许浓度、有害气体的允许浓度和其他基准设定浓度，并能及时给出报警、显示与控制信号。

2）对被测气体以外的共存气体或物质不敏感。

3）稳定性和重复性好。

4）动态特性好，响应迅速。

5）使用和维护方便，价格低廉。

学 习 小 结

工作任务 4.1 主要介绍了湿度传感器的类型、工作原理、测量电路及部分湿度传感器的应用。

湿度是衡量空气中水汽含量的物理量，常用绝对湿度、相对湿度、露点等参数来表示。

湿度传感器是基于对湿度敏感的材料，能将空气中湿度的变化转换为电信号变化的传感器。湿度传感器由湿敏元件和转换元件组成。在实际应用中，湿度传感器包括电阻式和电容式两大类。

工作任务 4.2 主要介绍了气敏传感器的工作原理、结构组成、测量电路及部分气敏传感器的应用。

气敏传感器是一种能感知环境中某些气体及其浓度的敏感器件，它将气体种类及其浓度的有关信息转换为电信号。气敏传感器种类繁多，按所使用材料的不同，气敏传感器可分为半导体和非半导体两大类。目前使用最广泛的是半导体气敏传感器。

直 击 工 考

一、填空题

1. 湿度是衡量空气中水汽含量的物理量，常用_____、_____和_____等参数表示。

2. 湿度传感器由_____和_____组成，具有将环境_____转换为_____的能力。

3. 湿度传感器的种类有很多，在实际应用中主要包括_____和_____两大类。

4. 气敏传感器是一种用来检测_____类别、成分和浓度的传感器。

5. 气敏传感器种类繁多，按所使用材料的不同，气敏传感器可分为_____和_____两大类。

6．半导体气敏传感器按半导体变化的物理特性，可分为＿＿＿＿和＿＿＿＿两类。

7．＿＿＿＿气敏传感器以 SnO_2 半导体材料为基体，将铂电极和加热丝嵌入 SnO_2 材料中，采用传统制陶工艺烧结成形，称为＿＿＿＿。

二、简答题

1．电阻式湿度传感器的基本工作原理是什么？

2．电容式湿度传感器的基本工作原理是什么？

3．分析电阻式湿度传感器与电容式湿度传感器各自的特点及其适用范围。

4．什么是气敏传感器？

5．为什么要对气敏传感器进行温度补偿？

5 工作领域

位置的检测

【内容导读】

位置检测在智能家居、智能建筑、工业自动化等领域有着广泛的应用，为人们的生活和生产带来了便利。用于位置检测的传感器种类繁多，常用的包括接近传感器、液位传感器等。在智能家居系统中，接近传感器广泛应用于自动门、智能照明和安全防盗设备中，通过感知人或物体的接近，实现自动开启、关闭和报警功能；液位传感器则用于热水器、加湿器、智能马桶中，用来精准监测水位，确保设备安全运行和用户的便捷使用。在自动化生产中，接近传感器用于检测物体位置、控制机械臂动作和实现无接触开关，提高生产效率和安全性；液位传感器则用于监控生产设备中的液体水平，保障生产过程的稳定性和精确控制。

本工作领域重点介绍电容式传感器的工作原理和应用。

【学习目标】

知识目标

1. 了解电容式传感器的类型、结构及应用。
2. 理解电容式传感器及其测量电路的基本原理。

能力目标

1. 能正确选择并熟练使用通用仪器仪表及辅助设备。
2. 能进行电容式接近传感器电路和水位高度检测电路的组装与调试。

思政目标

1. 培养吃苦耐劳、专注执着的工作作风。
2. 强化规范意识，严格按照标准和规程进行操作。

工作任务 5.1

位置的检测——电容式接近传感器

【核心概念】

电容器：由任何两个彼此绝缘又互相靠近的导电极板组成。它带电时，两导电极板总是带等量异种电荷。电容器所带的电量指其中一个导电极板所带电量的值。

电容式传感器：一种具有可变参数的电容器，能将被测量（如物位、压力等）的变化转换为电容量变化的传感器，它的测量头通常是构成电容器的一个极板，而另一个极板是物体本身。

【学习目标】

1. 了解电容式传感器的结构、类型及应用。
2. 理解电容式传感器及测量电路的工作原理。
3. 能进行电容式接近传感器检测电路的组装与调试。

电容式接近传感器是电容式传感器的一种，主要用于位置检测，其特点是具有开关量输出。它通过检测物体与传感器之间的距离变化来实现位置检测。当物体靠近电容式接近传感器时，物体和传感器之间的介电常数发生变化，导致电容量 C 发生改变。与测量头相连的电路状态也随之变化，由此控制开关的接通和关断。电容式接近传感器不仅能检测金属导体，还能检测绝缘的液体或粉状物体。

问题导入

在电工技术基础课程里，我们学过电容器方面的知识。想一想：电容式传感器和电容器有什么联系呢？

5.1.1　知识准备：电容式传感器的结构、原理及应用

5.1.1.1　电容式传感器的结构和原理

1. 电容式传感器的结构

电容式传感器是将被测量（如物位、压力等）的变化转换为电容量变化

微课：电容式传感器

的传感器。它主要由两个相互靠近且彼此绝缘的导电极板构成。

　　为了更好地理解电容式传感器的结构，下面通过电容式液位计的例子来进行说明。电容式液位计的结构如图 5-1 所示，棒状金属电极与装有导电液体的金属容器，构成了电容式传感器的两个极板，中间由聚四氟乙烯为绝缘介质。两个极板既是敏感元件，又是转换元件。

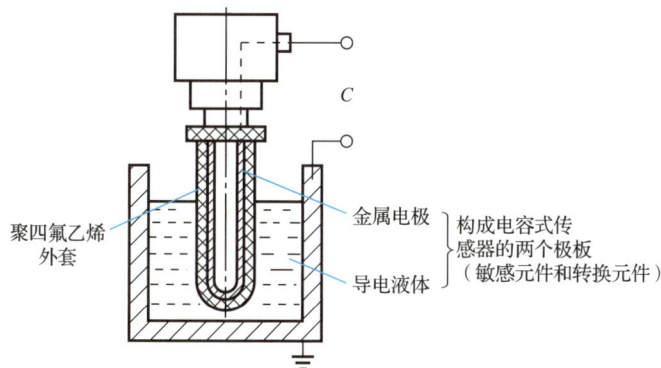

图 5-1　电容式液位计的结构

　　由此可见，电容式传感器本身（或与被测物一起）就是一个可变电容器。电容式传感器具有零漂小、结构简单、动态响应快、易于实现非接触测量等一系列优点。电容式传感器广泛应用于位移、角度、振动、物位、压力、成分分析、介质特性等方面的测量。图 5-2 所示为几种常见的电容式传感器。

（a）压差变送器　　　　　　（b）接近传感器　　　　　　（c）物位开关

图 5-2　常见的电容式传感器

2. 电容式传感器的基本原理

　　两个相互靠近且彼此绝缘的导电极板可组成一个平板电容器，如图 5-3 所示。电容式传感器的基本工作原理可通过平板电容器的原理来进行说明。

　　如果不考虑边缘效应，平板电容器电容量为

$$C = \frac{\varepsilon A}{d} \tag{5-1}$$

式中：C——平板电容器的电容量（F）；

　　　　A——极板相互遮盖的面积（m^2）；

d——极板间的距离，又称极距（m）；

ε——极板间介质的介电常数（F/m）。

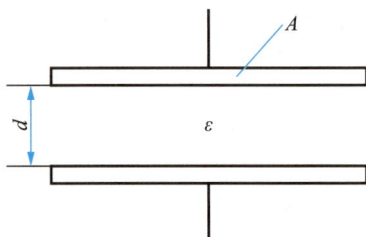

图 5-3 平板电容器

由式（5-1）可知，在 A、d、ε 三个参数中，如果保持两个参数不变，只改变其中一个参数，就可改变电容量 C。因此，如果被测量只让三个参数中的一个发生改变，从而使电容量发生改变，就能将被测量的变化转换为电容量 C 的变化，然后由测量电路将电容量的变化转换为电信号输出。这就是电容式传感器的基本工作原理，其框图如图 5-4 所示。

图 5-4 电容式传感器工作原理框图

5.1.1.2 电容式传感器分类

根据应用领域，电容式传感器可分为电容式接近传感器、电容式液位计、电容式位移传感器、电容式压差传感器。

根据工作原理，电容式传感器可分为三种基本类型：变面积型、变极距型和变介电常数型。

1. 变面积型电容式传感器

图 5-5 所示为几种常见的变面积型电容式传感器的结构原理图。

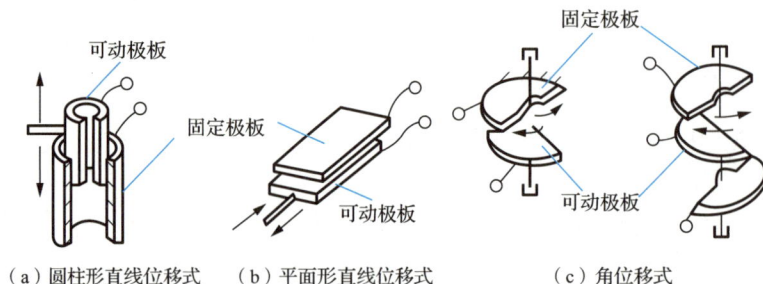

（a）圆柱形直线位移式   （b）平面形直线位移式   （c）角位移式

图 5-5 常见的变面积型电容式传感器的结构原理图

当固定极板不动，被测量（如位移、压力等）使可动极板做线位移或角位移运动时，两极板的相互遮盖面积会发生 ΔA 的改变,如果同时保持极距 d 和介电常数 ε 不变,则引起电容器的电容量发生 ΔC 的变化,从而将被测量的变化转换为电容量的变化。变面积型电容式传感器主要用于测量角位移或厘米级的较大线位移。

2. 变极距型电容式传感器

图 5-6 所示为常见的变极距型电容式传感器的结构原理图。

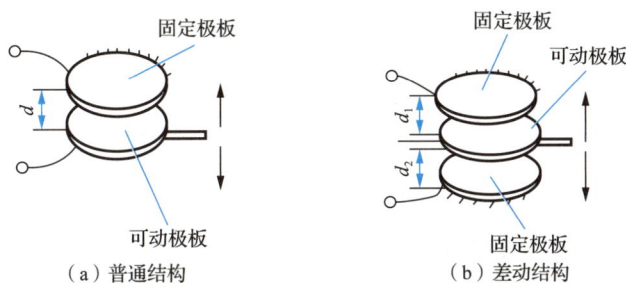

（a）普通结构　　　　　　（b）差动结构

图 5-6　常见的变极距型电容式传感器的结构原理图

当可动极板受到被测量作用发生位移时,极距会改变 Δd,如果同时保持两极板的相互遮盖面积 A 和介电常数 ε 不变,则引起电容器的电容量发生 ΔC 的变化,从而将被测量的变化转换为电容量的变化。电容量的相对变化量为

$$\frac{\Delta C}{C} = \frac{d}{\Delta d} \tag{5-2}$$

由式（5-2）可知,变极距型电容式传感器的输出与输入成非线性关系。为了减小非线性并提高灵敏度,变极距型电容式传感器通常采用差动结构,如图 5-6（b）所示。在未进行测量时,将可动极板调至中间位置,使两边电容器的容量相等。在测量过程中,可动极板的移动会使其中一个电容器的电容量增加,而另一个电容器的电容量减小,从而导致电容器的总容量发生变化。这种设计提高了传感器的灵敏度。变极距型电容式传感器主要用于测量微米级的线位移或振动的振幅等。

3. 变介电常数型电容式传感器

图 5-7 所示为几种常见的变介电常数型电容式传感器的结构原理图。

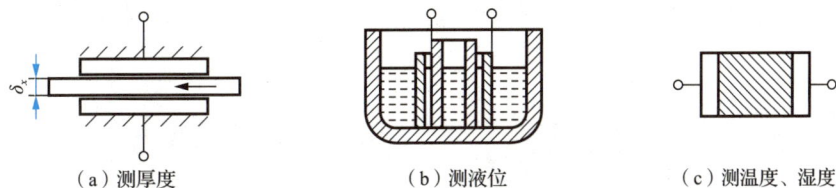

（a）测厚度　　　　　　（b）测液位　　　　　　（c）测温度、湿度

图 5-7　常见的变介电常数型电容式传感器的结构原理图

保持两极板的相互遮盖面积 A 和极距 d 不变,当被测量（如厚度、液位、湿度等）使电容式传感器的介电常数发生 $\Delta\varepsilon$ 的变化时,电容量会随之发生 ΔC 的变化,从而将被测量

的变化转换为电容量的变化。变介电常数型电容式传感器主要用于测量物位、片状材料的厚度及木材等非导电固体介质的温度和湿度等。

注意：应根据使用场合选择合适类型的电容式传感器。当电容式传感器两电极之间存在导电物质时，应在电极表面涂覆绝缘层（如 0.1mm 厚的聚四氟乙烯等），以防止电极之间短路。

问题导入

电容式传感器的电容变化量非常小（通常只有几皮法至几十皮法），不便直接被显示、记录，更难以传输，那该怎么办呢？

5.1.1.3 电容式传感器的测量电路

电容式传感器将被测量转换为电容量的变化，但电容变化量很小，不易被显示、记录和传输。因此，必须通过测量电路将电容变化量转换成电压、电流或频率信号。测量电路的种类繁多，大致可归纳为三类：①调幅式测量电路，常见的有桥式测量电路和运算放大器式测量电路；②脉冲调宽测量电路；③调频式测量电路。下面介绍几种常用的测量电路。

1. 桥式测量电路

将电容式传感器接入交流电桥作为电桥的一个臂或两个相邻桥臂，其余桥臂可以是电阻、电容或电感，也可以是变压器的两个次级线圈，如图 5-8 所示。

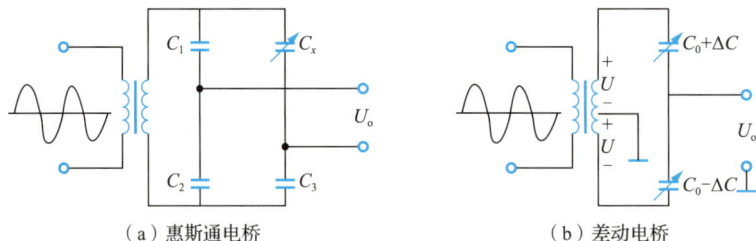

（a）惠斯通电桥　　　　　　（b）差动电桥

图 5-8　常见的桥式测量电路

在图 5-8（a）中，电源为 1MHz 左右的高频电源，C_x 为电容式传感器，C_1、C_2、C_3 为固定电容器。当被测量为 0，电容式传感器的电容量 C_x 没有变化时，有如下关系：

$$\frac{C_1}{C_2} = \frac{C_x}{C_3} \tag{5-3}$$

显然，此时电桥处于初始平衡状态，输出电压 $U_o = 0$。当被测量不为 0，C_x 发生变化时，电桥失去平衡，输出电压 $U_o \neq 0$，由此可将电容变化量转换为电压输出。

在图 5-8（b）中，电桥相邻的两臂接入差动式电容传感器。空载时的输出电压为

$$U_o = \frac{\Delta C}{C_0} U \tag{5-4}$$

式中：U_o——输出电压（V）；

U ——工作电压（V）；

C_0 ——电容式传感器平衡状态时的初始电容量（F）；

ΔC ——电容式传感器的电容变化值（F）。

由式（5-4）可知差动接法的交流电桥，其输出电压 U_o 与被测电容的变化量 ΔC 之间成线性关系。这表明，差动结构的电容式传感器不但能提高灵敏度，还能减小非线性。

2. 运算放大器式测量电路

图 5-9 所示为运算放大器式测量电路，将电容式传感器接入运算放大器电路，作为电路的反馈元件。图 5-9 中，U_i 为交流电源电压，C 为固定电容，C_x 为传感器电容，U_o 为输出电压。在运算放大器的开环放大倍数 A 和输入阻抗足够大的情况下，输出电压

$$U_o = -\frac{C}{C_x}U_i \tag{5-5}$$

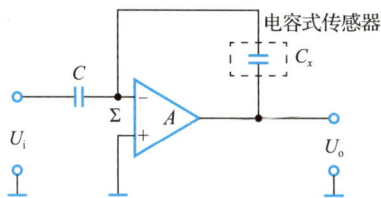

图 5-9 运算放大器式测量电路

如果传感器为平板型电容器，则有 $C_x = \dfrac{\varepsilon A}{d}$，那么输出电压为

$$U_o = -\frac{CU_i}{\varepsilon A}d \tag{5-6}$$

由式（5-6）可见，输出电压 U_o 与极距 d 成线性关系。这表明，运算放大器式测量电路能有效解决变极距型电容式传感器的非线性问题。此外，输出电压 U_o 还与固定电容 C 和输入电压 U_i 有关，因此该电路要求固定电容必须稳定，并且电源电压需要采取稳压措施。

3. 调频式测量电路

调频式测量电路的原理框图如图 5-10 所示，将电容式传感器作为 LC 振荡器谐振回路的一部分，振荡器的频率 f 为

$$f = \frac{1}{2\pi\sqrt{LC}} \tag{5-7}$$

式中：L ——振荡器的电感；

C ——振荡器的总电容，其中包括电容式传感器的电容 C_x。

由式（5-7）可见，当被测量导致传感器的电容量 C_x 发生变化时，振荡器的振荡频率 f 也会相应地发生变化，故称调频式。在实现了从电容到频率的转换后，可以使用鉴频器将频率的变化转换为幅度的变化，经放大后进行显示和记录，也可以将频率信号直接转换为数字信号输入计算机，以判断被测量的大小。

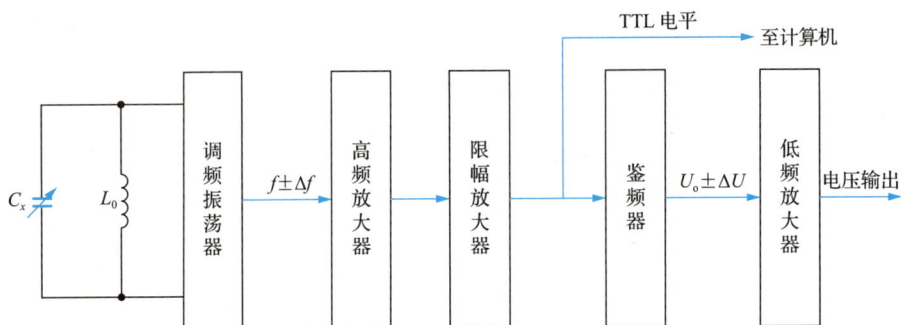

图 5-10　调频式测量电路的原理框图

调频电路具有较强的抗外来干扰能力，特性稳定，灵敏度高，能获得较高的直流输出信号，但线性较差，需要进行补偿。

4. 差动脉冲调宽测量电路

图 5-11 所示为差动脉冲调宽测量电路。其中，差动结构的电容式传感器 C_1、C_2 和电阻 R_1、R_2 等组成了电容的充放电回路。

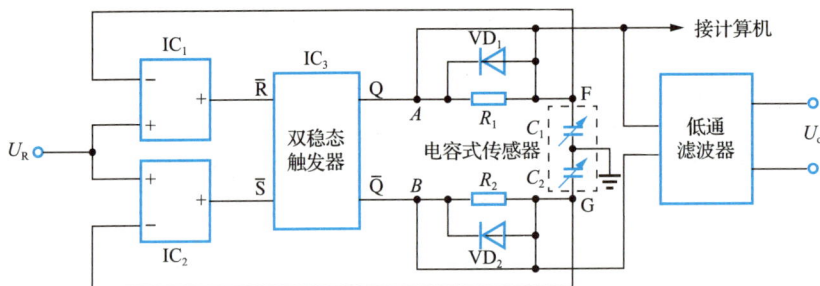

图 5-11　差动脉冲调宽测量电路

差动脉冲调宽测量电路属于脉冲调制电路，它利用对传感器电容的充放电使电路输出脉冲的宽度随电容式传感器的电容量变化而变化，再通过低通滤波器得到对应被测量变化的直流信号。

在图 5-11 中，C_1、C_2 为差动式电容传感器的两个电容，未测量时二者电容值相等。输出电压 U_o 由 A、B 两点间的电压经低通滤波器滤波后获得。当 $R_1=R_2=R$ 时，输出电压

$$U_o = -\frac{C_1 - C_2}{C_1 + C_2} U_1 \tag{5-8}$$

式中：U_1——触发器输出的高电平值（V）。

由式（5-8）可知，未测量时，$C_1=C_2$，输出电压的平均值为零。测量时，若被测量使得 $C_1>C_2$，则输出电压 $U_o>0$。

差动脉冲调宽测量电路适用于所有差动式电容传感器（变面积型或变极距型），该电路采用直流电源，只要配一个低通滤波器就能正常工作，对矩形波波形质量要求不高，线性较好，但对直流电源的电压稳定性要求较高。

5.1.1.4 电容式传感器的应用

电容式传感器不仅用于位移、角度、加速度等机械量的测量，还广泛应用于压力、液位、物位或成分含量等方面的测量。

1. 电容式压差传感器

电容式压差传感器又称电容式压差变送器，如图 5-12 所示。固定电极为传感器中间凹面玻璃上的金属镀层，动电极为夹在固定电极中间的圆形薄金属膜片，由此构成差动式电容传感器。

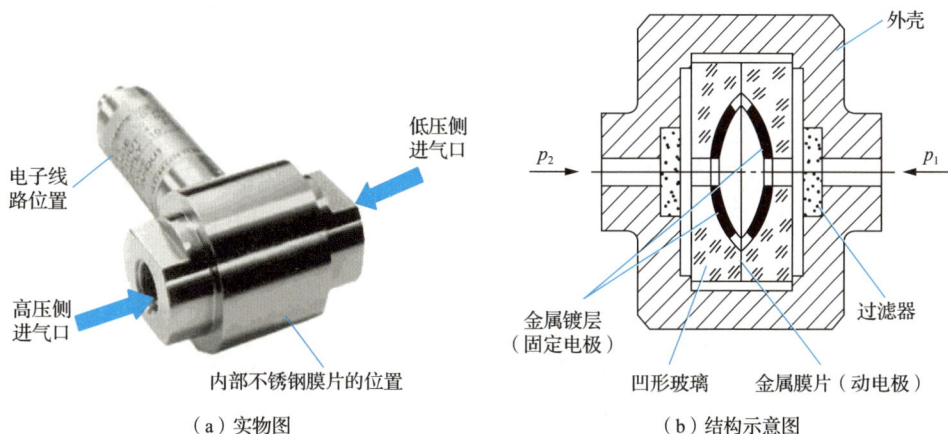

图 5-12 电容式压差传感器

当被测压力 p_1、p_2（工程上习惯将压强统称为压力）通过过滤器进入空腔时，动电极膜片由于受到两侧压力差的作用而弯向低压腔的一侧，这一位移引起差动电容器的两个电容 C_1、C_2 发生变化，其中一个容量增大，另一个相应减小。当两个极板的间距很小时，压力差与电容的变化成正比，电容的变化经测量电路转换为相应的电压或电流输出。电容式压差传感器的分辨率很高，可以测量 $0 \sim 0.75 Pa$ 的压强。

2. 电容式测厚仪

电容式测厚仪可用于金属带材在轧制过程中厚度的在线检测，其工作原理如图 5-13 所示。在被测带材的上下两端各装设一块面积相等且与带材距离相等的极板，这样两个极板分别与带材之间形成两个电容 C_1、C_2。用导线将上下两极板连接起来作为电容器的一个极板，金属带材本身作为另一个极板，则总电容为 $C_1 + C_2$。在轧制过程中，若带材厚度发生变化，将引起电容量的变化，使用交流电桥将电容量的变化检测出来，经过放大，即可由显示仪表显示出带材厚度的变化。

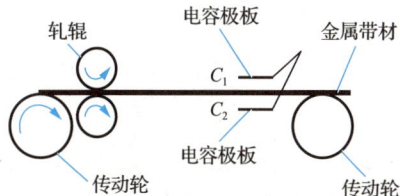

图 5-13 电容式测厚仪示意图

3. 电容式液位计

电容式液位计是通过两电极之间液位的变化引起电容量的变化来测量液位的仪表，广泛应用于化工等工业领域。图 5-14（a）为电容式液位计的实物图，图 5-14（b）为液位计的安装示意图。

使用电容式液位计时要根据被测液体的特点进行选择。

当测量低黏稠度非导电液体时，可采用如图 5-14（c）所示的液位计，将内外同轴且相互绝缘的两金属管作为电容器的两个电极，将被测液体作为两电极间的绝缘物质，由此形成一个同轴套筒形的电容器。

当测量高黏稠度非导电溶液时，可以采用如图 5-14（d）所示的液位计，将金属管直接插入金属容器的中央作为一个电极，金属容器作为另一个电极，而液体作为绝缘介质，由此构成电容式液位计。

当测量导电液体（如水溶液）且液罐是导电金属时，可以采用如图 5-14（e）所示的液位计，即将金属管作为一个电极，以外套绝缘套管（如聚四氟乙烯绝缘套管）作为中间介质，而将导电液体和容器作为另一个电极，使三者形成圆筒形电容器。

（a）实物图   （b）安装示意图

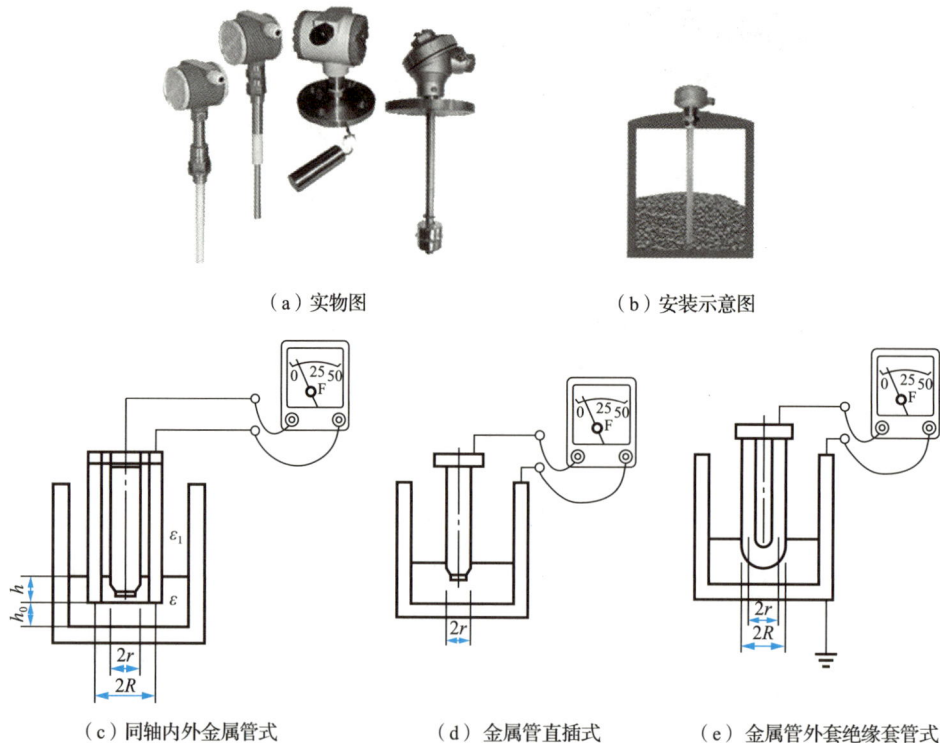

（c）同轴内外金属管式   （d）金属管直插式   （e）金属管外套绝缘套管式

图 5-14 电容式液位计

4. 电容式接近传感器

在数控机床或自动化生产线上，常常需要对某一可动部件的位置进行精确定位，此时用于判断其位置或状态的开关型传感器称为接近传感器，又称无触点行程开关。当某物体靠近接近传感器并达到一定距离时，接近传感器就会感知并发出动作信号，告知该物体所处的位置。接近传感器的种类有很多，电容式接近传感器属于具有开关量输出的一种位置传感器，如图 5-15 所示。其中，图 5-15（a）为接近传感器的实物图，图 5-15（b）为接近传感器的内部结构图，图 5-15（c）为原理框图。

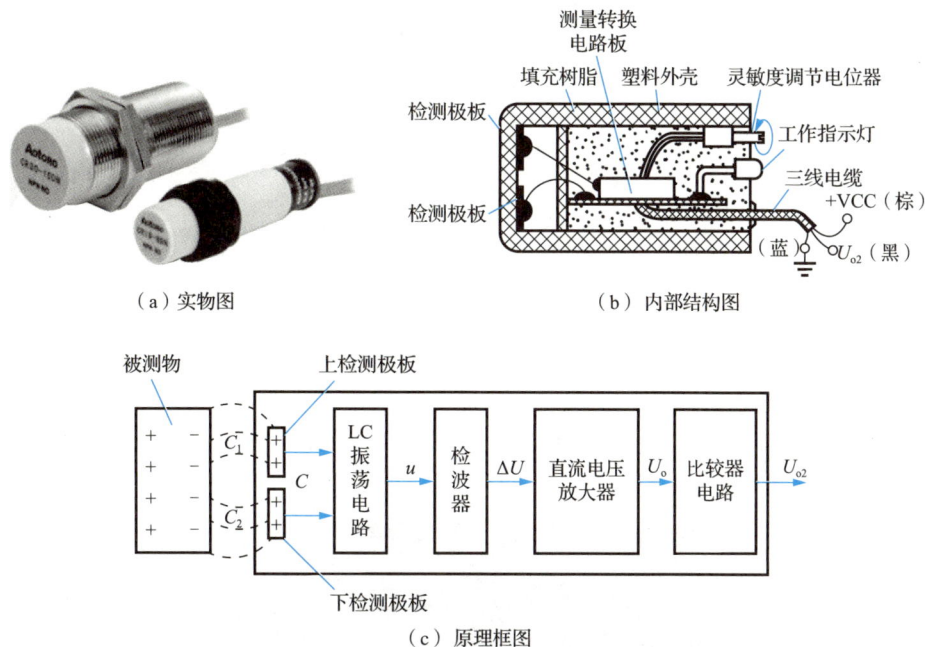

（a）实物图   （b）内部结构图

（c）原理框图

图 5-15　电容式接近传感器

电容式接近传感器的核心部件是以电容极板作为检测端的 LC 振荡器。两块检测极板设置在接近传感器的最前端，测量转换电路板安装在接近传感器壳体内。

没有物体靠近检测极板时，上下检测极板之间的电容 C 非常小，它与电感 L（在测量转换电路板中）构成高品质因数的 LC 振荡电路。

当被检测物体为导体时，上下检测极板经过与导体之间的耦合作用，形成变极距型电容器 C_1、C_2。电容值比未靠近导体时显著增大，导致 LC 回路的 Q 值下降，输出电压 U_o 随之下降。当 Q 值下降到一定程度时，振荡器停振。

电容式接近传感器既能检测金属物体，又能检测非金属物体。对于金属物体，可以获得最大的动作距离；对于非金属物体，动作距离决定于材料的介电常数，介电常数越大，可获得的动作距离就越大。

5. 电容式加速度传感器

电容式加速度传感器的结构如图 5-16 所示，质量块的两个端面经磨平、抛光后作为可动极板，分别与两个固定极板构成一对差动电容 C_1 和 C_2。

当传感器没有感受到被测加速度时，$C_1 = C_2$，输出电容 $C = C_1 - C_2 = 0$。当传感器感受到向上的加速度时，壳体随被测体做向上加速运动，而质量块由于惯性保持相对静止。这时，上面的电容 C_1 间隙变大，电容量减小，而下面的电容 C_2 间隙变小，电容量增大，输出电容 $C= C_1-C_2 < 0$。

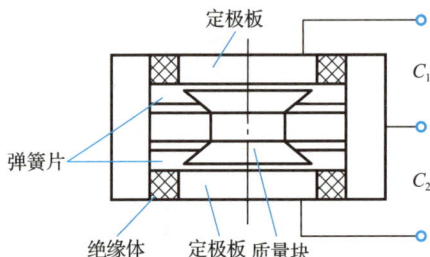

图 5-16　电容式加速度传感器的结构

反之，当传感器感受到向下的加速度时，输出电容 $C= C_1-C_2 > 0$。因此，输出电容的大小反映了被测加速度的大小，输出电容的极性反映了被测加速度的方向。

电容式加速度传感器可以安装在轿车上，作为碰撞传感器使用。当测得的负加速度值超过设定值时，微处理器据此判断发生了碰撞，于是就启动轿车前部的折叠式安全气囊。安全气囊迅速充气膨胀，挡住驾驶员和乘员的胸部及头部，从而避免对人员造成伤害，如图 5-17 所示。

图 5-17　电容式加速度传感器的应用

5.1.2　任务实施：电容式接近传感器检测电路的组装与调试_____

5.1.2.1　实训器材

本工作任务是进行电容式接近传感器检测电路的组装与调试，所用实训器材如表 5-1 所示。

表 5-1　组装与调试电容式接近传感器检测电路所用实训器材清单

工具	螺钉旋具
仪表及设备	数字万用表、电源
器材	电容式接近传感器、信号灯、接线排、安全插线若干

5.1.2.2　电路组成

电容式接近传感器检测电路由电容式接近传感器、测试电路、信号灯 HL1 等部分组成，如图 5-18 所示。

图 5-18　电容式接近传感器检测电路框图

5.1.2.3　电路组装与调试

1. 元器件清单

电容式接近传感器检测电路包括电容式接近传感器、电源、信号灯 HL1、接线排和若干安全插线等，具体如表 5-2 所示。

表 5-2　电容式接近传感器检测电路元器件清单

名称	数量
直流 24V 电源	1
接线排	1
安全插线（红色、绿色、黑色）	若干
电容式接近传感器	1
信号灯 HL1	1

2. 电路原理图

电容式接近传感器检测到被测物时，黑色信号线和蓝色线（直流电源 24V 的负极端）导通，信号灯 HL1 形成回路，HL1 亮。具体如图 5-19 所示。

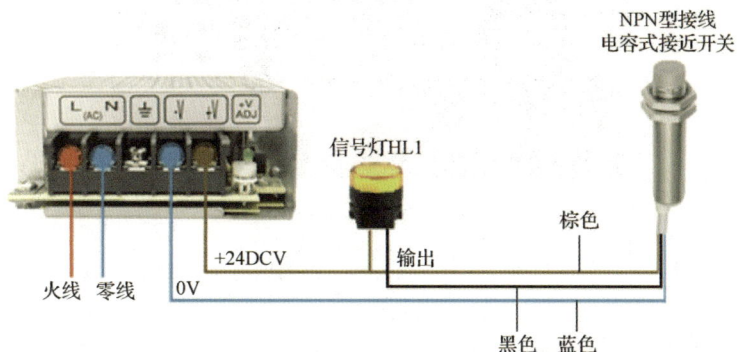

图 5-19　电容式接近传感器检测电路原理图

3. 组装电路

根据元器件清单核对并检查所有元器件后，组装电容式接近传感器测试电路（图 5-20）。将电容式接近传感器固定在传感器支架上，根据电路原理图进行电路连接。

注意：NPN 型（N 表示负，P 表示正，NPN 表示平时低电位，信号到来时为高电位输出）电容式接近传感器的正极、负极、信号线的接线方式。

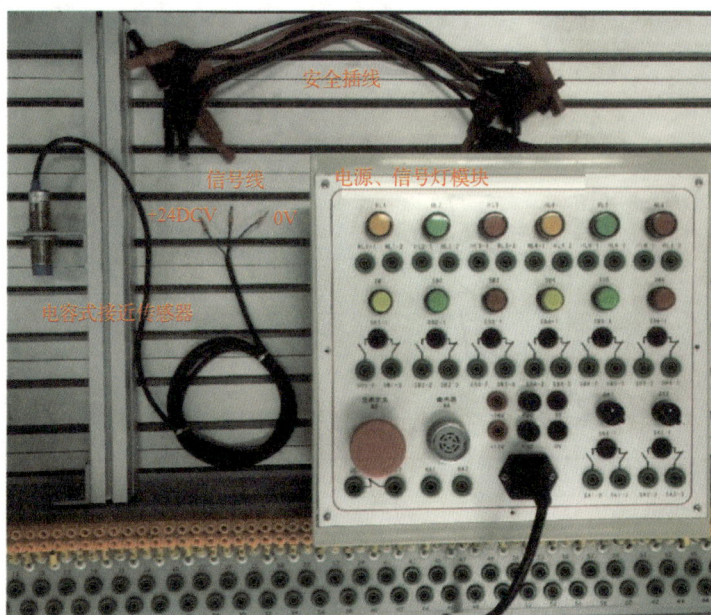

（a）元器件

（b）元器件安装布局

图 5-20　电容式接近传感器测试电路安装

4. 调试

1）将电容式接近传感器连接到 24V 电源，棕色线连接到正极，蓝色线连接到负极，检测电源是否为直流 24V。

2）将信号灯 HL1 接入直流电源 24V，检查其是否能正常工作。

3）当有被测物靠近电容式接近传感器时，检查传感器指示灯是否亮起来。

5.1.3　学习评价

本工作任务的学习成果评价表如表 5-3 所示。

表 5-3　学习成果评价表

序号	考核内容	分值	评分要素	自评	互评	师评
1	小组准备	10	小组分工明确，能够对学习任务内容及实施步骤进行精心准备			
2	知识运用	30	对知识的理解到位，并能熟练、准确地运用所学知识完成实践任务			
3	成果展示与任务报告	20	成果展示内容丰富、语言规范，实践活动报告结构完整、观点正确			
4	学习态度与课堂纪律	15	学习积极主动、态度认真，遵守教学秩序			
5	自主学习与动手能力	10	具有探究精神、自学意识和较强的动手能力，善于发现问题			
6	团队配合	15	团队意识强，小组成员配合默契，问题解决及时			

综合评价：

教师或导师签字：

工作任务 5.2

液位的检测——电容式液位传感器

【核心概念】

电容式液位传感器：用于液位检测的电容式传感器。当被测液体介质浸没测量电极的高度变化时，引起其电容变化。它将液位介质高度的变化转换成标准电流信号。

【学习目标】

1. 理解电容式液位传感器及测量电路的工作原理。

2. 能进行水位高度检测电路的组装与调试。

电容式液位传感器是一种液位检测器,是将被测量对象液位的变化转换为电容量变化的一种传感器。其具有结构简单、安装工艺简单、动态响应快等特点,并且可以非接触测量,因此不受压力、腐蚀性、颜色等因素影响。

微课:电容式液位传感器

5.2.1   知识准备:电容式液位传感器的结构与工作原理

电容式液位传感器与工作任务 5.1 中的电容式接近传感器都属于电容式传感器,其结构和原理类似,因此不再赘述。

5.2.2   任务实施:水位高度检测电路的组装与调试

5.2.2.1   实训器材

本工作任务是进行水位高度检测电路的组装与调试,所用实训器材如表 5-4 所示。

表 5-4   组装与调试水位高度检测电路所用实训器材清单

工具	螺钉旋具
仪表及设备	数字万用表、电源
器材	电容式液位传感器、信号灯、接线排、安全插线若干

5.2.2.2   电路组成

水位高度检测电路由液位传感模块、信号处理电路、LED 指示电路、继电器驱动电路等部分构成,如图 5-21 所示。

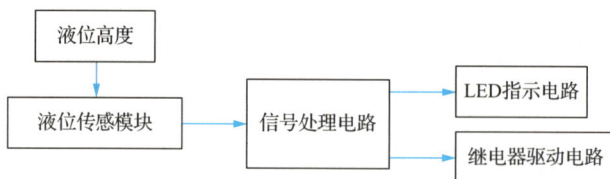

图 5-21   水位高度检测电路框图

5.2.2.3   水位高度检测电路组装与调试

1. 元器件清单

水位高度检测电路由水位高度检测模块、芯片、电源、电阻、电容、二极管等元器件构成,具体如表 5-5 所示。

表 5-5　水位高度检测电路元器件清单

名称	数量	名称	数量
220Ω 电阻	1	222 瓷片电容	1
1kΩ 电阻	3	10μF/25V 电解电容	1
2.2kΩ 电阻	3	100μF/16V 电解电容	1
4.7kΩ 电阻	1	IN4148 二极管	5
10kΩ 电阻	2	红色 LED	2
47kΩ 电阻	8	黄色 LED	1
100kΩ 电阻	2	绿色 LED	1
1MΩ 电阻	2	集成电路	4
S8050 晶体管	2	IC 芯片座	1
104 瓷片电容	7	继电器	1
自锁开关	1	控制 PCB 板	1
接线端子	3	传感模块	1

2. 电路原理图

水位高度检测电路由 LED 指示电路、振荡电路、基准电压、电源电路、继电器驱动电路及传感器模块构成，具体如图 5-22 所示。

3. 组装方法

根据元件清单核对并检查所有元器件后，组装水位高度检测电路。

1）安装电阻和整流二极管，采用卧式沉底安装的方式。

2）安装电容和发光二极管。

3）安装开关、电源、芯片底座和继电器。

4）安装水位高度检测模块。

组装完毕的水位高度检测电路如图 5-23 所示。

4. 调试

功能 1 和功能 2 通过按键 K1 进行切换。

功能 1：三种颜色 LED 分别指示低水位（红色）、中水位（黄色）和高水位（绿色）。当水位降到设定的低水位时，继电器吸合，外接水泵启动，开始加水；当水位升高到设定的高水位时，继电器断开，水泵停止工作。水位再次降到低水位时，继电器重新吸合，循环执行上述过程。此功能应用在自动加水设备中，可让水位维持在低水位和高水位之间。

功能 2：三种颜色 LED 分别指示低水位（红色）、中水位（黄色）和高水位（绿色）。当水位升高到高水位时，继电器吸合，外接电磁阀启动，开始排水。当水位降到低水位时，继电器断开，电磁阀停止工作。水位再次升高到高水位时，继电器重新吸合，循环执行上述过程。此功能应用在自动排水设备中，可让水位维持在低水位和高水位之间。

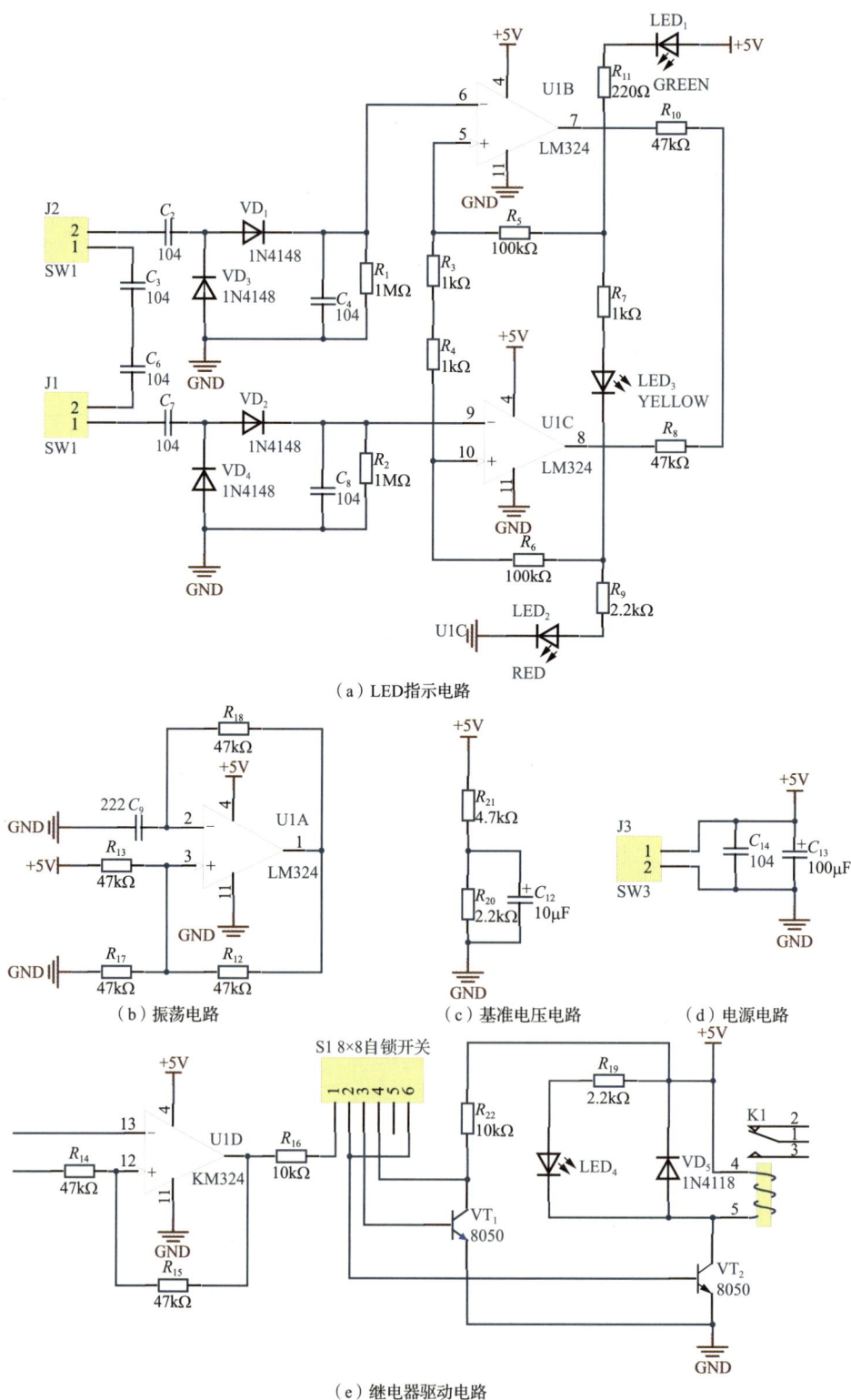

（a）LED指示电路

（b）振荡电路

（c）基准电压电路

（d）电源电路

（e）继电器驱动电路

图 5-22 水位高度检测电路原理图

（a）元件安装布局（1）

（b）元件安装布局（2）

图 5-23　水位高度检测电路

5.2.3　学习评价

本工作任务的学习成果评价表如表 5-6 所示。

表 5-6　学习成果评价表

序号	考核内容	分值	评分要素	自评	互评	师评
1	小组准备	10	小组分工明确，能够对学习任务内容及实施步骤进行精心准备			
2	知识运用	30	对知识的理解到位，并能熟练、准确地运用所学知识完成实践任务			
3	成果展示与任务报告	20	成果展示内容丰富、语言规范，实践活动报告结构完整、观点正确			
4	学习态度与课堂纪律	15	学习积极主动、态度认真，遵守教学秩序			
5	自主学习与动手能力	10	具有探究精神、自学意识和较强的动手能力，善于发现问题			
6	团队配合	15	团队意识强，小组成员配合默契，问题解决及时			

综合评价：

教师或导师签字：

知识拓展

电容式传感器设计应用注意事项

电容式传感器具有结构简单、温度稳定性好、动态响应好、测量准确度高等优点，但也存在输出阻抗高、负载能力差、寄生电容影响大、输出特性为非线性等缺点。因此，在设计和应用电容式传感器时要注意以下几点。

1. 减小环境温度影响

环境温度的变化将改变电容式传感器的输出与被测输入量的单值函数关系，从而引入温度干扰误差。这种影响主要有以下两个方面。

1）温度对结构尺寸的影响。电容式传感器极间隙很小，对结构尺寸的变化特别敏感。在传感器各零件材料线胀系数不匹配的情况下，温度变化将导致极间隙发生较大的相对变化，从而引入较大的温度误差。在设计电容式传感器时，应选择合适的材料和结构参数，以满足温度误差补偿要求。

2）温度对介质的影响。温度对介电常数的影响因介质而异。例如，空气及云母的介电常数的温度系数近似为零，而某些液体介质（如硅油、煤油等）的介电常数的温度系数较大。因此，在设计电容式传感器时，尽量采用介电常数的温度系数接近于零的介质。

2. 减小或消除寄生电容的影响

寄生电容可能比传感器的电容大几倍甚至几十倍，这会影响传感器的灵敏度和输出特性，严重时可能湮没传感器的有用信号，导致传感器无法正常工作。因此，减小或消除寄生电容的影响是设计电容式传感器的关键。通常可采用如下方法。

1）增加电容初始值。增加电容初始值可以减小寄生电容的影响。一般通过减小电容式传感器极板之间的距离或增大有效覆盖面积来增加初始电容值。

2）采用驱动电缆技术。驱动电缆技术又称双层屏蔽等位传输技术，实际上是一种等电位屏蔽法。其原理如图 5-24 所示。

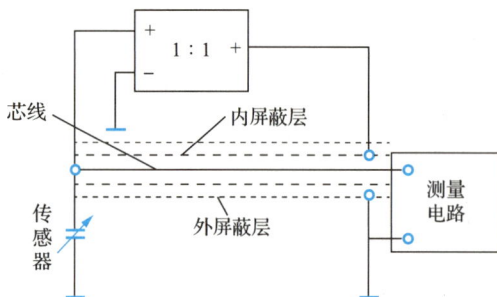

图 5-24　驱动电缆技术原理

驱动放大器是一个输入阻抗很高、具有容性负载且放大倍数为 1 的同相放大器。该方法的难点在于要在很宽的频带上实现放大倍数等于 1，并确保输入输出之间的相移为零。由于屏蔽线上存在随传感器输出信号变化而变化的电压，因此称为驱动电缆。外屏蔽层应接地，以防止外界电场的干扰。

3. 防止和减小外界干扰

当外界干扰（如电磁场）在传感器和导线之间感应出电压并与信号一起输送至测量电路时就会产生误差。如果干扰信号足够强，可能导致仪器无法正常工作。此外，不同接地点产生的接地电压差也会成为干扰信号，给仪器带来误差和故障。

防止和减小外界干扰可采取以下措施。

1）屏蔽和接地。使用良导体作为传感器壳体，将传感器完全包围起来，并确保可靠接地；使用屏蔽电缆，确保屏蔽层可靠接地；使用双层屏蔽线时，确保屏蔽层可靠接地并保持等电位等。

2）增加传感器原始电容量，降低容抗。

3）由于导线间存在静电感应，因此导线之间应尽可能远，线缆应尽可能短，最好成直角排列。若必须平行排列时，应采用同轴屏蔽电缆线，即地线和信号线相间布置。

4）避免多点接地，尽可能使用单点接地。地线应采用粗的良导体或宽印制线。

5）采用差动式电容传感器，减小非线性误差，提高传感器的灵敏度，降低寄生电容、温度和湿度等因素的影响。

————————学 习 小 结————————

电容式传感器是将被测量的变化转换为电容量变化的一种装置。由公式 $C = \dfrac{\varepsilon A}{d}$ 可知，电容量 C 是 A、d、ε 的函数，如果保持其中两个参数不变，只改变其中一个参数，从而使电容量发生改变，就将被测量的变化转换为电容量的变化。这就是电容式传感器的基本工作原理。

按工作原理，电容式传感器可分为三种基本类型：变面积型、变极距型和变介电常数型。

在理想条件下，变面积型和变介电常数型电容式传感器具有线性的输出特性，而变极距型电容式传感器的输出特性是非线性的，为此变极距型电容式传感器通常采用差动结构，以减小非线性，提高灵敏度。

由于电容式传感器的电容变化量非常小，所以需借助测量电路将其转换为相应的电压、电流或频率信号。测量电路的种类繁多，大致可归纳为三类：①调幅电路，常见的有桥式测量转换电路和运算放大器式测量转换电路；②脉冲调宽测量电路；③调频式测量电路。

电容式传感器可用来实现线位移、角位移、厚度、液位及位置的测量与控制。

————————直 击 工 考————————

一、填空题

1. 电容式传感器是将被测量的变化转换为_____的变化，然后经测量电路将电容量的变化转换为_____的一种测量装置。

2．根据工作原理，电容式传感器可分为_____、_____和_____三种基本类型。

3．当电容式传感器两电极之间存在导电物质时，应在电极表面_____，以防止电极之间短路。

4．变面积型电容式传感器常用于测量较大的_____。

5．电容式传感器的测量电路的种类繁多，大致可归纳为三大类，即_____、_____和_____。

6．电容式液位计是利用被测液位变化对电容器_____的影响这一原理制成的。

7．在实际应用中，为了提高灵敏度，减小非线性，变极距型电容式传感器通常采用_____结构。

二、选择题

1．通常采用（　　）传感器测量角位移。
   A．电容式　　　　B．电阻应变式　　　C．电感式

2．电容式传感器是将被测量的变化转化为（　　）量变化的一种传感器。
   A．电阻　　　　　B．电容　　　　　C．电感

3．一般采用（　　）电容式传感器测量物体的振动量。
   A．变极距型　　　B．变面积型　　　C．变介电常数型

4．电桥测量电路的作用是将电容式传感器参数的变化转换为（　　）的变化。
   A．电阻　　　　　B．电压　　　　　C．电容

三、简答题

1．简述电容式传感器的基本工作原理。

2．根据电容式传感器的工作原理试说明它的分类。

3．电容式传感器的测量电路有哪些类型？

4．简述电容式测厚仪的工作原理。

5．如果盛放液体的容器为金属圆筒形，则只需用一根裸导线即可完成液位的检测。用示意图说明这种情况，并标出电容式传感器的位置。

6 工作领域

工作领域

速度的检测

【内容导读】

速度是在工业自动化生产和控制系统中重要的检测参数之一。常见的检测方法是将转动的轴向信号转换为电信号。根据转换元件不同，主要有以下两类传感器：一类是将被测量转轴转动引起的磁路磁阻变化转换为电路输出脉冲的频率，如霍尔式传感器；一类是将转轴输出的几何位移量转换为脉冲或数字量，如光电编码器。

本工作领域主要介绍霍尔式传感器和光电式传感器的工作原理和应用。

【学习目标】

知识目标

1. 了解霍尔式传感器和光电式传感器的类型及应用。

2. 理解霍尔式传感器和光电式传感器的工作原理。

能力目标

1. 能正确选择并熟练使用通用仪器仪表及辅助设备。

2. 能进行霍尔三叶指尖陀螺电路、数字电动机转速表电路的组装与测试。

素养目标

1. 培养创新思维、辩证思维，能够举一反三解决实际问题。

2. 树立标准意识、成本意识，全面提升工程素养。

工作任务 *6.1*

电动机转速检测——霍尔式传感器

【核心概念】

　　霍尔效应：当通有电流的导体或半导体处在方向与电流方向相垂直的磁场中时，在该导体或半导体垂直于电流和磁场的方向上会产生电场的现象。

　　霍尔式传感器：利用霍尔效应，将被测量变化转换成可用输出信号的传感器。

【学习目标】

　　1. 了解霍尔式传感器的类型及应用。

　　2. 理解霍尔式传感器的工作原理。

　　3. 能进行霍尔三叶指尖陀螺电路的组装与调试。

　　电动机转速的测量一般是在被测电动机的转轴上安装一个齿盘，也可以选取机械系统中的一个齿轮，将霍尔元件及磁路系统靠近齿盘或齿轮，随着齿盘或齿轮的转动，磁路的磁阻周期性地发生变化，通过测量霍尔元件输出的脉冲频率就可以确定被测电动机的转速。

> **问题导入**
>
> 　　汽车上的速度仪表盘显示汽车行驶速度，驾驶员可以根据仪表显示的车速来调整节气门的大小。那么，汽车是如何检测车速并通过速度仪表盘显示的呢？在这个过程中都应用了哪些传感器呢？

6.1.1　知识准备：霍尔效应、霍尔式传感器的类型及应用

6.1.1.1　霍尔效应及霍尔式传感器

1. 霍尔效应

当通电的半导体薄片上，加上垂直于薄片表面的磁场 B 时，薄片　　微课：霍尔式传感器

的横向两侧会产生一个电压。此现象称为霍尔效应，产生的电压称为霍尔电动势，用 U_H 表示，如图 6-1 所示。

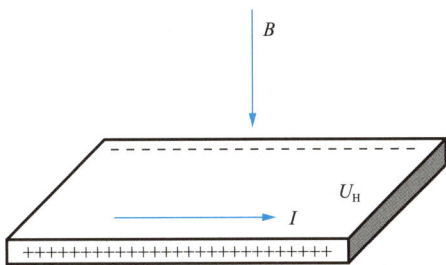

图 6-1　霍尔效应

霍尔电动势的计算公式为

$$U_H = K_H B I \qquad\qquad (6\text{-}1)$$

式中：U_H ——霍尔电动势（mV）；

　　　K_H ——霍尔元件灵敏系数 [mV/（mA·T）]；

　　　B ——磁场的磁感应强度（T）；

　　　I ——半导体激励电流的电流强度（mA）。

2. 霍尔式传感器的结构

霍尔式传感器又称霍尔元件，通常由衬底、半导体薄膜、引线（电极）和磁性体顶部等部分构成。其中，一对引线（电极）称为激励电流端，另一对引线（电极）称为霍尔电动势输出端。霍尔式传感器结构及电路符号如图 6-2 所示。霍尔元件通常采用陶瓷或塑料封装，其外形如图 6-3 所示。

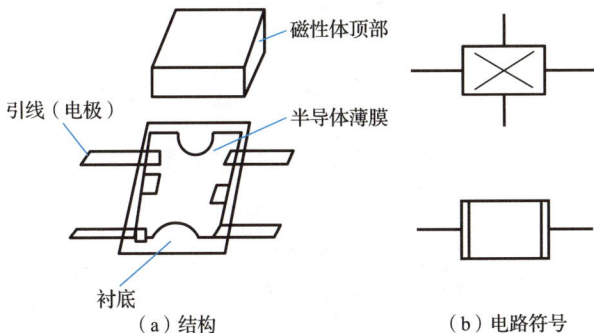

（a）结构　　　　（b）电路符号

图 6-2　霍尔式传感器结构及电路符号

图 6-3　霍尔式传感器的外形

3. 霍尔式传感器的工作原理

霍尔式传感器的工作原理基于霍尔效应。根据霍尔效应，由式（6-1）可知，当被测量作用于霍尔式传感器上，使磁场的磁感应强度 B、激励电流 I 或 B 与 I 间的夹角其中任一参数发生变化时，霍尔电动势 U_H 都会发生变化。通过测量霍尔电动势的大小，可以得出被测量的大小，这就是霍尔式传感器的工作原理。霍尔式传感器的工作原理如图 6-4 所示。

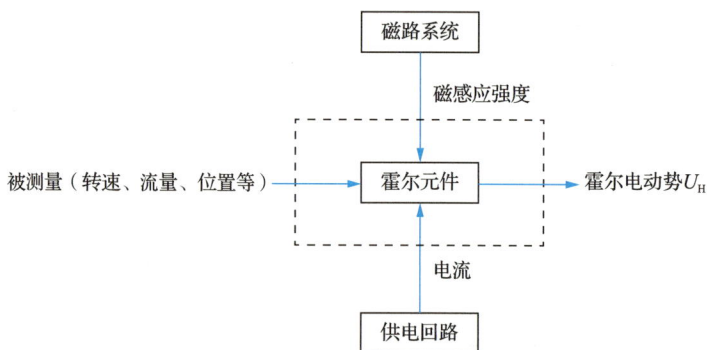

图 6-4 霍尔式传感器的工作原理

6.1.1.2 霍尔式传感器的主要类型

按照输出信号的形式不同，霍尔式传感器可以分为霍尔线性器件和霍尔开关器件。霍尔线性器件输出的是模拟量，而霍尔开关器件输出的是数字量。

随着微电子技术的发展，目前，霍尔式传感器多已集成化，集成霍尔式传感器具有许多优点，如体积小、灵敏度高、输出幅度大、温度漂移小、对电源稳定性要求低等。集成霍尔式传感器的主要类型、结构、内部结构图、性能特点及其使用场合如表 6-1 所示。

表 6-1　集成霍尔式传感器的主要类型、结构、内部结构图、性能特点及其使用场合

主要类型	集成线性霍尔式传感器	集成开关霍尔式传感器
结构	通常将霍尔元件、恒流源和线性放大器等集成在一个芯片上	通常将霍尔元件、稳压电路、放大器、施密特触发器、开集输出门电路等集成在一个芯片上
内部结构图		
性能特点	输出电压高、准确度高、线性度好	具有无触点、无磨损、输出波形清晰、无抖动、无回跳、位置重复准确度高等优点
使用场合	可用于无触点电位器、无刷直流电动机、磁场测量高斯计，以及非接触测距、磁力探伤等方面	用于接近传感器，如无触点开关、限位开关、方向开关、压力开关、转速表等

6.1.1.3 霍尔式传感器的测量电路

霍尔式传感器的基本测量电路如图 6-5 所示。激励电流由电压源 E 提供，其大小可以通过可变电阻 R 调节；产生的霍尔电动势加在负载电阻 R_L 上，负载电阻 R_L 可以是一般电阻，也可以是线性放大器的输入电阻或仪表等。

6.1.1.4　霍尔式传感器的应用

霍尔式传感器的应用主要有以下三个方面：一是由霍尔电动势的计算公式 $U_H = K_H BI$ 可知，霍尔电动势与磁感应强度成正比，利用这个特性可以制作磁场计、方位计、电流计、角度计、速度计等；二是利用霍尔电动势与激励电流成正比的特性，可以制作回转器、隔离器及电流控制装置等；三是利用霍尔电动势与激励电流和磁感应强度乘积成正比的特性，可以制作乘法器、除法器、乘方器等。

以下是霍尔式传感器应用的几个实例。

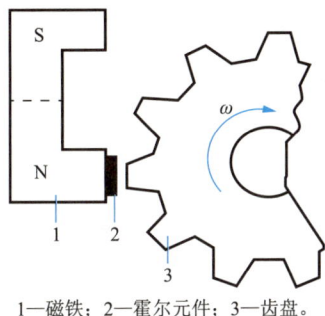

图 6-5　霍尔式传感器的基本测量电路

1—磁铁；2—霍尔元件；3—齿盘。

图 6-6　霍尔式传感器测量转速装置示意图

1. 霍尔转速表

霍尔转速表是利用霍尔式传感器测量电动机转速的一种测速装置。在被测电动机的转轴上安装一个齿盘，将霍尔元件及磁路系统靠近齿盘，随着齿盘的转动，磁路的磁阻发生周期性的变化，作用在霍尔元件上的磁场的磁感应强度也随之改变，从而霍尔元件周期性地输出脉冲。通过测量霍尔元件输出的脉冲频率，就可以确定被测转轴的转速。霍尔式传感器测量转速装置示意图如图 6-6 所示。

2. 霍尔流量计

霍尔流量计是采用固定的小容积来反复计量通过流量计的流体体积。因此，在霍尔流量计内部必须有一个构成标准体积的空间，通常称为霍尔流量计的"计量空间"或"计量室"。这个空间由仪表壳的内壁和流量计的转动部件（简称转子）一起构成。霍尔流量计的工作原理如下：流体通过流量计时，在流量计进出口之间会产生一定的压力差。流量计的转子在这个压力差的作用下产生旋转，并将流体由入口排向出口。在这个过程中，流体一次次地充满流量计的"计量空间"，然后又不断地被送往出口。在已给定流量的条件下，该计量空间的体积是确定的，只要通过霍尔式传感器测得转子的转动次数，就可以得到通过流量计的流体体积的累积值，即流体的流量。霍尔流量计的结构示意图如图 6-7 所示。

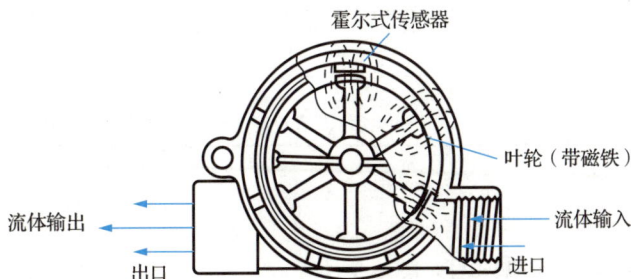

图 6-7　霍尔流量计的结构示意图

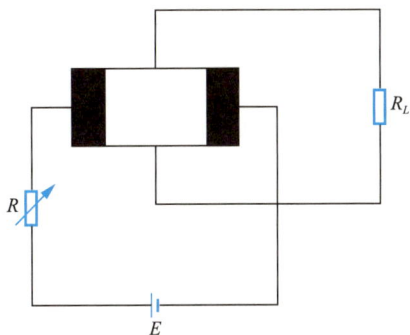

3. 测量磁场或位移

测量磁场时，一般将霍尔式传感器放在被测磁场中。由于霍尔元件只对垂直于其表面的磁感应强度敏感，因此，当霍尔式传感器的表面与磁力线垂直时，可通过测得的霍尔感应电压，计算出相应的磁感应强度；当霍尔式传感器的表面与磁力线不垂直时，可通过测得的霍尔感应电压求出垂直分量，进而计算出相应的磁感应强度。

当激励电流一定时，霍尔电动势与磁感应强度成正比。如果磁感应强度是位置的函数，就可以根据霍尔电动势的大小计算相应的位移量。霍尔式传感器位移测量原理图如图 6-8 所示。

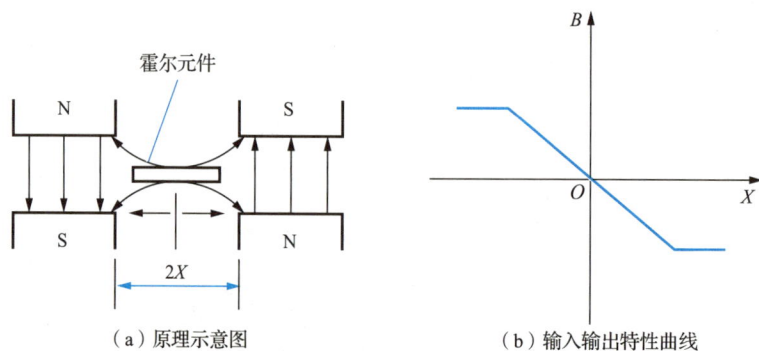

（a）原理示意图　　　　　　　　　（b）输入输出特性曲线

图 6-8　霍尔式传感器位移测量原理图

6.1.2　任务实施：霍尔三叶指尖陀螺电路的组装与调试

霍尔三叶指尖陀螺在陀螺旋转时，可以通过单片机程序控制对应的贴片发光二极管发光。同时，霍尔式传感器可以检测陀螺的旋转速度。当陀螺的旋转速度为零并保持一段时间（时间长短与单片机程序有关）时，陀螺电源自动断开。要再次旋转陀螺时，需先按下微动电源开关。

6.1.2.1　实训器材

本工作任务是进行霍尔三叶指尖陀螺电路的组装与调试，所用实训器材如表 6-2 所示。

表 6-2　组装与调试霍尔三叶指尖陀螺电路所用实训器材清单

工具	电烙铁、螺钉旋具、镊子
仪表及设备	数字万用表、电源
器材	电动机转速检测电路套件、焊锡丝、导线

6.1.2.2　电路组成

霍尔三叶指尖陀螺电路原理图如图 6-9 所示。

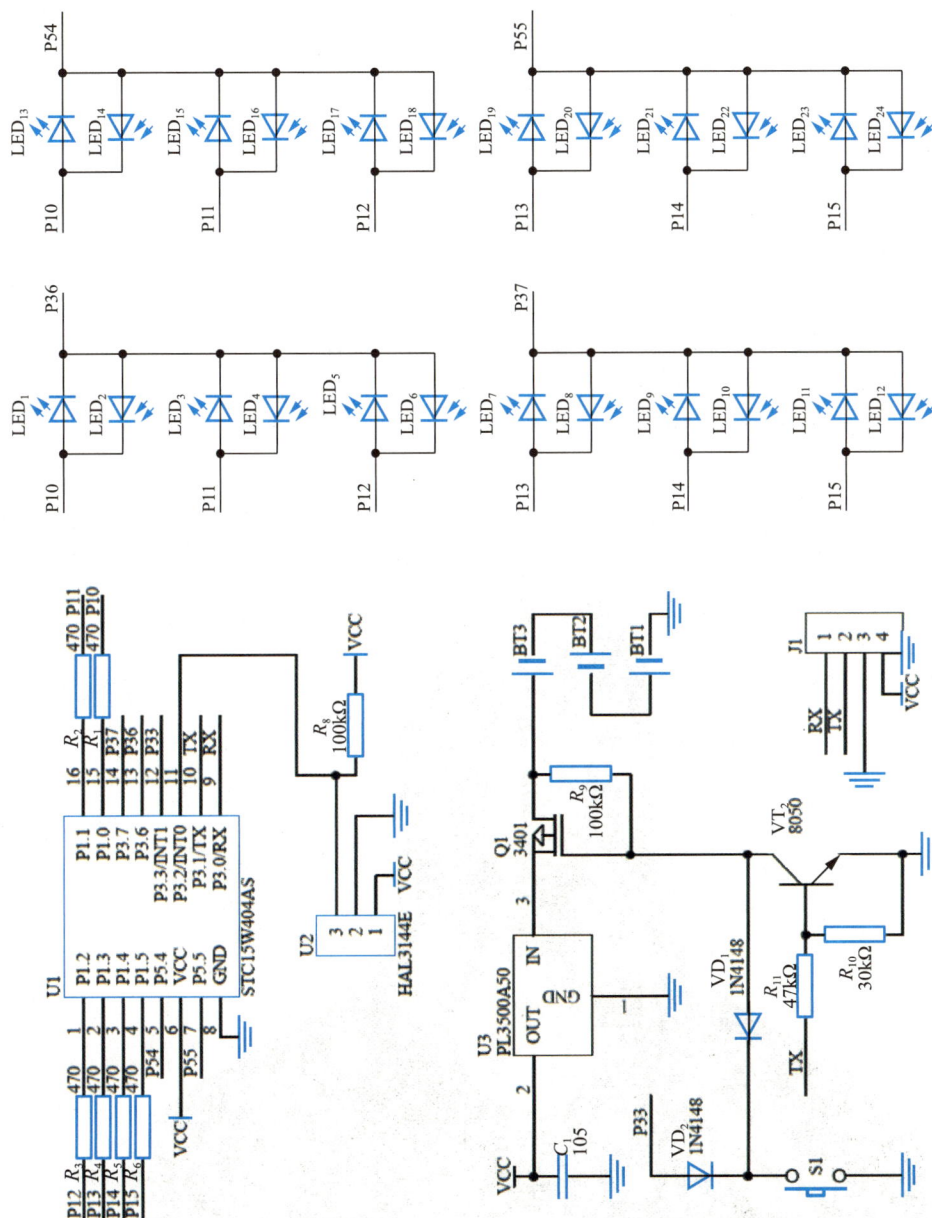

图 6-9　霍尔三叶指尖陀螺电路原理图

6.1.2.3　电路组装与调试

1. 元器件清单

霍尔三叶指尖陀螺套件元器件清单如表 6-3 所示。

表 6-3　霍尔三叶指尖陀螺套件元器件清单

名称	数量	名称	数量
电路板	1	1N4148 贴片二极管	2
贴片电阻	10	轻触按键	1
贴片发光二极管	24	STC15W404AS 单片机	1
PL3500A50V 集成稳压电路	1	排针	4
HAL3144E 霍尔元件	1	电池扣	1
贴片场效应管	1	轴承（含轴承盖）	1
8050 贴片晶体管	1	小磁铁	1
105 贴片电容	1		

2. 安装方法

1）安装贴片电阻，如图 6-10 所示。

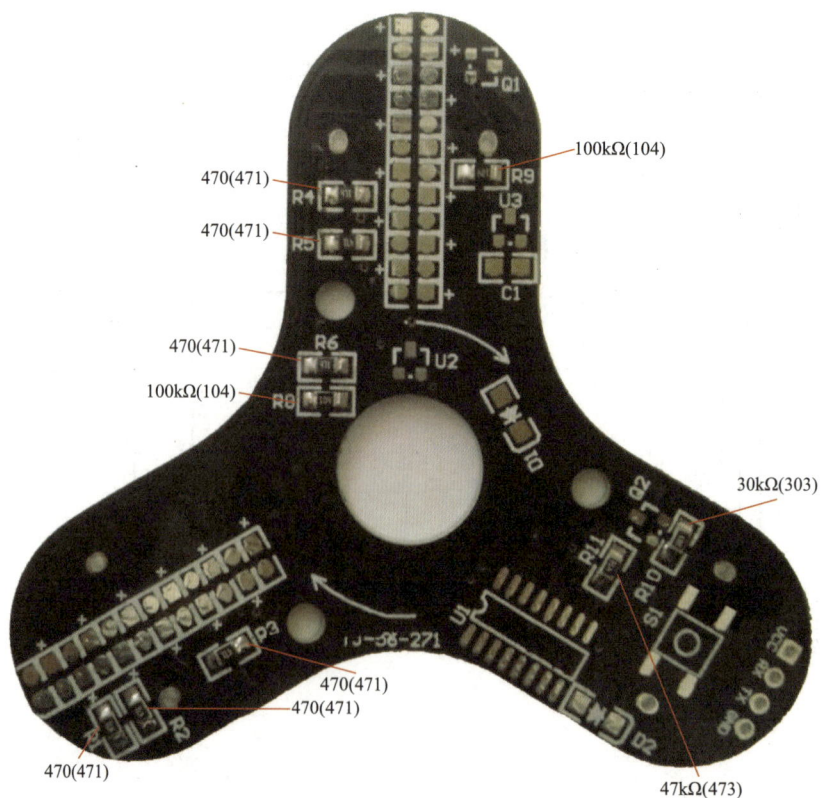

图 6-10　安装贴片电阻

2）安装贴片发光二极管，如图 6-11 所示。

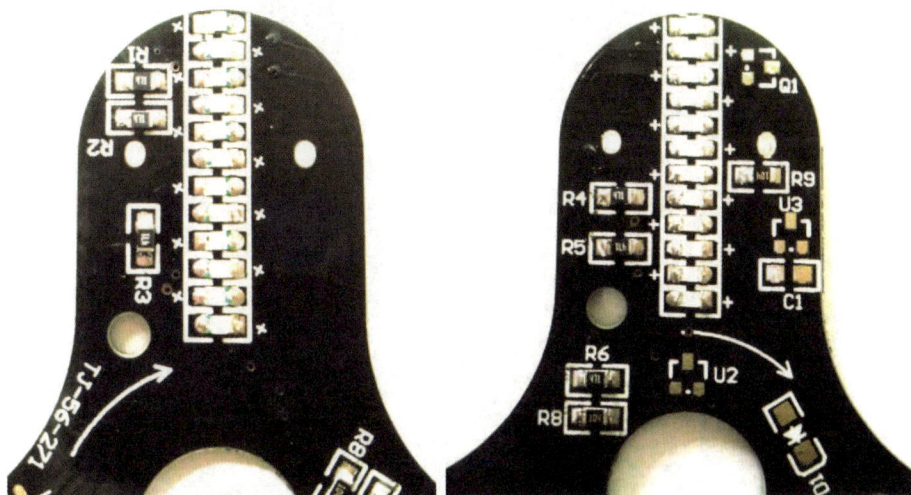

图 6-11 安装贴片发光二极管

3）安装集成稳压电路 PL3500A5V 和滤波电容。注意集成稳压电路 PL3500A5V 表面丝印字符为 HT50，由于其外形和霍尔元件、贴片晶体管、贴片场效应管类似，安装前需根据上面丝印的字符进行判断，如图 6-12 所示。

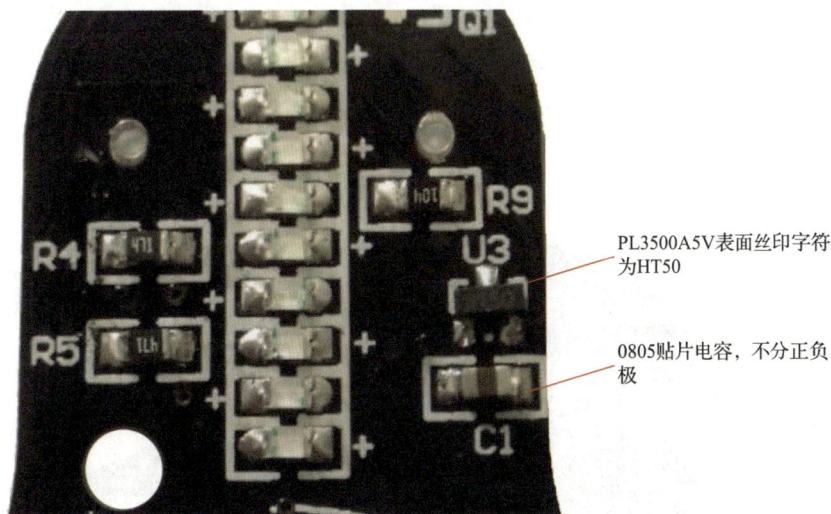

PL3500A5V表面丝印字符为HT50

0805贴片电容，不分正负极

图 6-12 安装集成稳压电路 PL3500A5V 和滤波电容

4）安装贴片霍尔式传感器 HAL3144E。霍尔式传感器正面丝印字符为 44E，如图 6-13 所示。安装时，尽量将 HAL3144E 安装在较高的位置，以减小与轴承盖上磁铁的距离，从而使旋转起来的起点检测更灵敏。

霍尔元件HAL3144E，表面
丝印字符为44E

图 6-13　安装贴片霍尔式传感器 HAL3144E

5）安装场效应管 3401。场效应管表面丝印字符为 A19T，如图 6-14 所示。

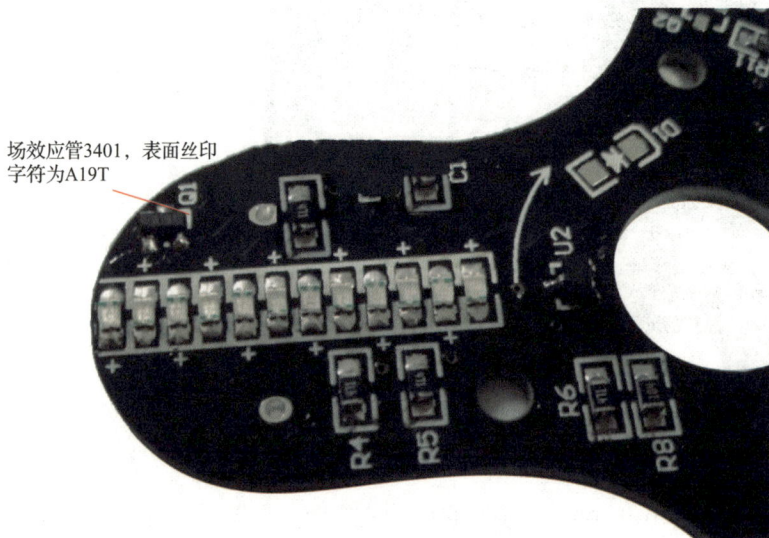

场效应管3401，表面丝印
字符为A19T

图 6-14　安装场效应管 3401

6）安装晶体管 8050。晶体管表面丝印字符为 J3Y，如图 6-15 所示。

7）安装贴片二极管 1N4148，如图 6-16 所示。

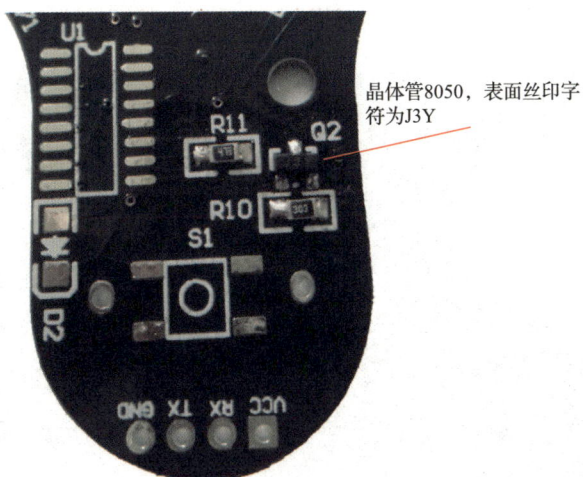

晶体管8050，表面丝印字符为J3Y

图 6-15　安装晶体管 8050

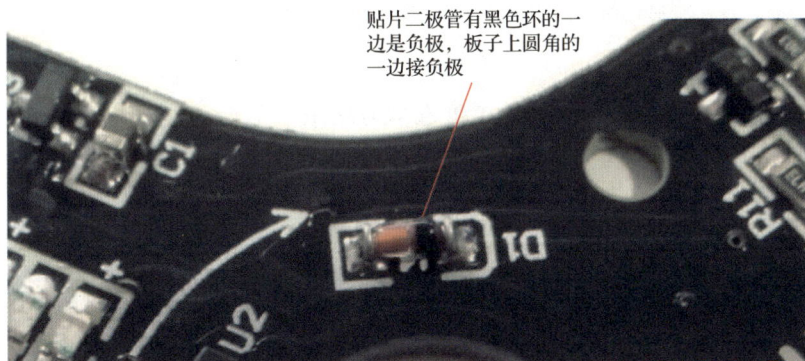

贴片二极管有黑色环的一边是负极，板子上圆角的一边接负极

图 6-16　安装贴片二极管

8）安装轻触按键，如图 6-17 所示。

图 6-17　安装轻触按键

9）安装单片机 STC15W404AS，如图 6-18 所示。

安装单片机时注意单片机上有个
凹下去的圆点标记

图 6-18　安装单片机

10）安装排针和电池扣，如图 6-19 和图 6-20 所示。

图 6-19　安装排针

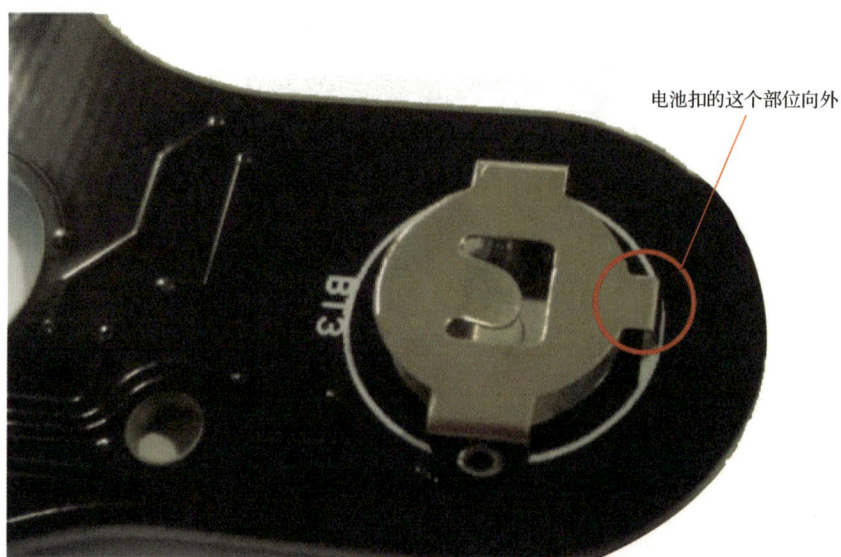

电池扣的这个部位向外

图 6-20　安装电池扣

11）安装轴承、轴承盖。轴承和电路板的中心孔是紧配合，其中一个盖子装有一片圆形的小磁铁，带有圆形小磁铁的盖子应安装在电路板上装有霍尔元件的一边。

3. 调试

霍尔三叶指尖陀螺套件中的霍尔元件为单极性的霍尔效应传感器 HAL3144E，输出信号为开关信号，非高即低。HAL3144E 有字的一面只会对磁铁的 S 极（南极）有效，因此在安装小磁铁时，需要先确定磁铁的南北极。

给电路板装入三片 CR1220 纽扣电池，再按下板子上的铜头轻触按键，直到板子上的 LED 开始闪烁发光后松开。

注意：指尖陀螺带有电源控制电路，按键打开电源后，如果一段时间（5s）没有检测到旋转，则自动切断电源以节约电力。切断电源后，再次使用前需要按住轻触按键直到 LED 闪烁，指示电源接通。

在接通电源后，用镊子夹住小磁铁在霍尔元件上方晃动。如果靠近后电路板上的 LED 开始发光，则说明磁铁的南极朝着霍尔元件。据此可判断这个小磁铁的南北极。

6.1.3　学习评价

本工作任务的学习成果评价表如表 6-4 所示。

表 6-4　学习成果评价表

序号	考核内容	分值	评分要素	自评	互评	师评
1	小组准备	10	小组分工明确，能够对学习任务内容及实施步骤进行精心准备			
2	知识运用	30	对知识的理解到位，并能熟练、准确地运用所学知识完成实践任务			
3	成果展示与任务报告	20	成果展示内容丰富、语言规范，实践活动报告结构完整、观点正确			
4	学习态度与课堂纪律	15	学习积极主动、态度认真，遵守教学秩序			
5	自主学习与动手能力	10	具有探究精神、自学意识和较强的动手能力，善于发现问题			
6	团队配合	15	团队意识强，小组成员配合默契，问题解决及时			

综合评价：

教师或导师签字：

霍尔式传感器在电动机与汽车制动系统中的应用

霍尔式传感器除应用于电动机的测速等方面外，还可以应用于无刷直流电动机、汽车 ABS（anti-lock braking system，防抱死制动系统）中。

1. 无刷直流电动机

电动自行车用的无刷直流电动机主要由电动机、霍尔式传感器和电子开关电路三部分组成。

电动机电子上有多相绕组，转子上镶有永久性磁铁。要让电动机转动起来，首先必须通过霍尔式传感器测量定子与转子之间的相对位置，以确定各个时刻多相绕组的通电状态，即决定电子开关电路的开/断状态，从而接通/断开电动机相应的多相绕组，使定子各绕组按顺序接通。无刷直流电动机的结构如图 6-21 所示。

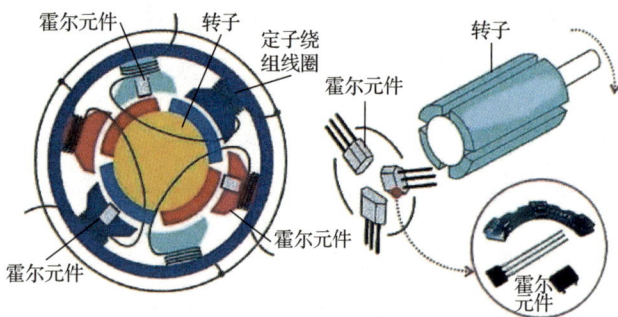

图 6-21　无刷直流电动机的结构

当转子经过霍尔式传感器附近时，转子产生的磁场使霍尔式传感器输出一个电压，使定子绕组的供电电路接通。供电电路产生与转子磁场极性相同的磁场，同性磁场相互排斥，从而使转子转动。当转子转到下一个位置时，前一个位置的霍尔式传感器停止工作，下一个位置的霍尔式传感器开始工作，使下一个绕组通电，产生推斥磁场使转子继续转动。当转子磁场按顺序作用于霍尔式传感器时，霍尔式传感器的信号就按顺序接通各定子线圈，定子线圈就产生旋转磁场，使转子不停地转动。

2. 汽车 ABS

汽车在湿滑路面上制动或紧急制动时，车轮很容易抱死，驾驶员会失去对转向的控制能力，同时车辆可能甩尾甚至失控。ABS 是一种具有防滑、防锁死等优点的安全控制系统，它可以使汽车在制动状态下仍能转向，保证汽车制动时方向的稳定性，防止侧滑和跑偏。ABS 采用霍尔式传感器来检测汽车前后轮的转动状态，从而控制制动力的大小。一般将霍尔式传感器安装在汽车的轮胎上。

工作任务 6.2

车速检测——光电式传感器

【核心概念】

光电效应：在高于某特定频率的电磁波照射下，某些物质内部的电子会被光子激发出来而形成电流的现象。

光电式传感器：基于光电效应，将光信号转换成电信号的一种传感器。

【学习目标】

1. 了解光电式传感器的类型及应用。
2. 理解光电效应、光电式传感器的工作原理。
3. 能完成数字电动机转速表电路的组装与调试。

车速的检测是通过安装在汽车转轴上的光电转换装置来实现的，检测出汽车转轴运转的角速度，从而计算出汽车的行驶速度。

问题导入

在酒店或银行你走过能自动开关的自动门吗？在公共卫生间你使用过能自动出水的水龙头吗？你知道它们都是如何实现自动控制的吗？

6.2.1　知识准备：光电效应、光电式传感器的结构及应用

6.2.1.1　光电效应

光电效应是在光线的作用下，物体吸收光能量而产生相应电信号的一种物理现象，通常分为外光电效应和内光电效应两种。

微课：光电效应

在光线的作用下，电子逸出物体表面的现象称为外光电效应。基于外光电效应的光电元件有光电管和光电倍增管。在光线的作用下，物体内部的电子挣脱束缚成为自由电子，使物体的导电性能发生改变或产生光电动势的现象称为内光电效应。基于

内光电效应的光敏元件有光敏电阻、光电二极管、光电晶体管和光电池等。

6.2.1.2　光电式传感器的结构及工作原理

光电式传感器一般由光源、光学通路和光敏元件三部分组成。其中，光敏元件是核心部件，它既是敏感元件，又是转换元件，因此也被称为光电元件，有时直接称为光电式传感器。不同类型的光敏元件的结构差别较大。光电倍增管是用于微光检测的光敏元件，其外形及结构如图 6-22 所示，它由阴极、阳极和多个倍增极（$D_1 \sim D_4$）封装在玻璃壳内构成。

微课：光电式传感器

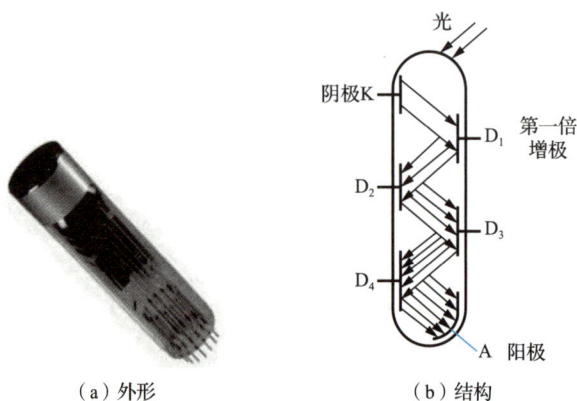

（a）外形　　　　　（b）结构

图 6-22　光电倍增管

光电式传感器是基于光电效应将光信号转换为电信号的传感器。它首先检测光信号的变化，然后借助光敏元件将光信号的变化转换为电信号，最后将电信号输出到处理器中进行进一步处理。其工作原理框图如图 6-23 所示。

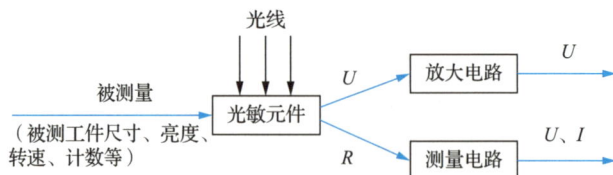

图 6-23　光电式传感器的工作原理框图

6.2.1.3　常用的光电元件

1. 光电管

光电管由一个光电阴极和一个光电阳极封装在玻璃壳内构成，光电阴极上涂有光敏材料。光电管的外形、结构和工作电路如图 6-24 所示。将光电管插入电路中，如图 6-24（c）所示。当无光照射时，电路不通；当有光照且光子能量大于电子逸出所需的能量时，光电阴极上的电子会逸出，产生光电发射。逸出的电子被带有正电的阳极吸引，从而在光电管内形成光电流。根据电流的大小，可以判断光量的大小。

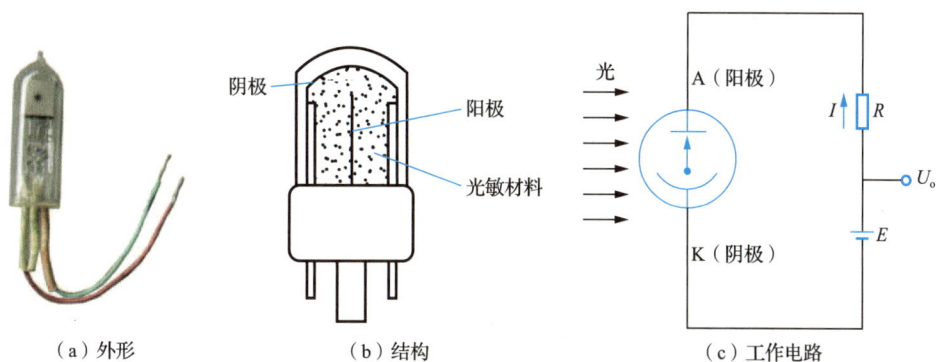

（a）外形　　　　　　　（b）结构　　　　　　　　　　（c）工作电路

图 6-24　光电管

2. 光敏电阻

光敏电阻是基于光电效应制成的光敏元件。它由掺杂的光导体薄膜沉积在绝缘基片上制成，没有极性。光敏电阻的外形、电路符号和工作电路如图 6-25 所示。如图 6-25（c）所示，当无光照时，光敏电阻的电阻值很大，电路中的电流很小；当有光照且光线波长在适当范围内时，其电阻值会变小，电路中电流增大。根据电流表的示数，可以计算照射光强度的大小。利用光敏电阻来检测光的存在及其强弱，具有方法简单、元件体积小等优点，但光敏电阻的电阻值可能不够大。光敏电阻实际的暗电阻通常为兆欧级，亮电阻在几千欧姆以下。

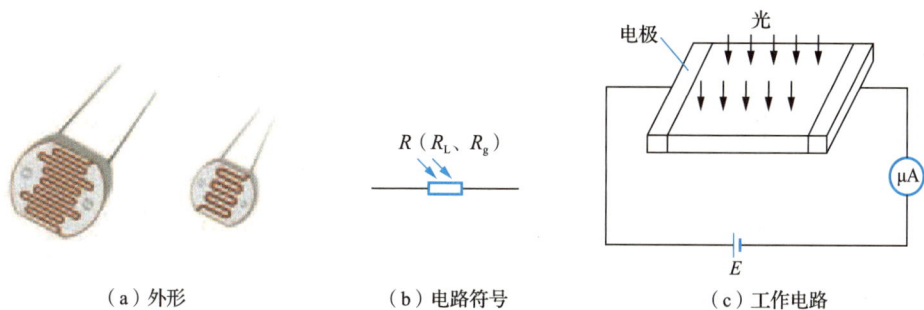

（a）外形　　　　　　　（b）电路符号　　　　　　　　（c）工作电路

图 6-25　光敏电阻

3. 光电二极管

光电二极管的结构与普通半导体二极管相似，都有一个 PN 结和两个引线（电极），而且都是非线性器件，具有单向导电性能。不同之处在于，光电二极管的 PN 结装在管壳的顶部，可以直接接受光的照射。光电二极管的外形、电路符号和工作电路如图 6-26 所示。

光电二极管在电路中通常处于反向偏置状态，工作电路如图 6-26（c）所示。当无光照时，光电二极管的反向电流很小，称为暗电流。当有光照时，PN 结及其附近会激发大量电子-空穴对，称为光电载流子。在外电场的作用下，光电载流子参与导电，形成比暗电流大得多的反向电流。这就是光电流。光电流的大小与光照强度成正比，于是在负载电阻上就能得到随光照强度变化而变化的电信号。

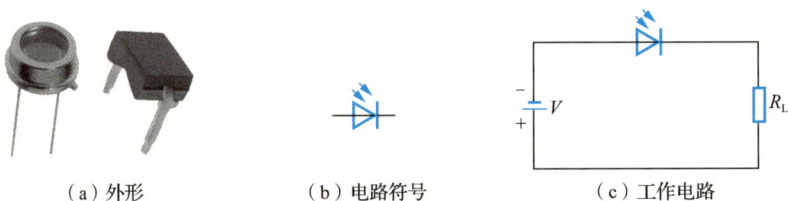

（a）外形　　　　　（b）电路符号　　　　　（c）工作电路

图 6-26　光电二极管

光电二极管有两种工作状态：一种是施加反向电压，此时光电二极管中的反向电流随光照强度的变化而成正比，即光照强度越大，反向电流越大；另一种是不施加反向电压，此时基于 PN 结在光照下产生正向电压的原理，将光电二极管作为微型光电池使用，这种工作状态通常用作光检测器。

4. 光电晶体管

光电晶体管能够进一步放大光电二极管产生的光电流，是一种具有更高灵敏度和响应速度的光电传感器。

光电晶体管在外形结构上与光电二极管相似，通常也只有两个引线（电极）——发射极和集电极，基极不引出。但光电晶体管有两个 PN 结，管芯被封装在管壳内，管壳同样开有窗口，以便光线射入。其外形和结构示意图如图 6-27（a）、（b）所示。

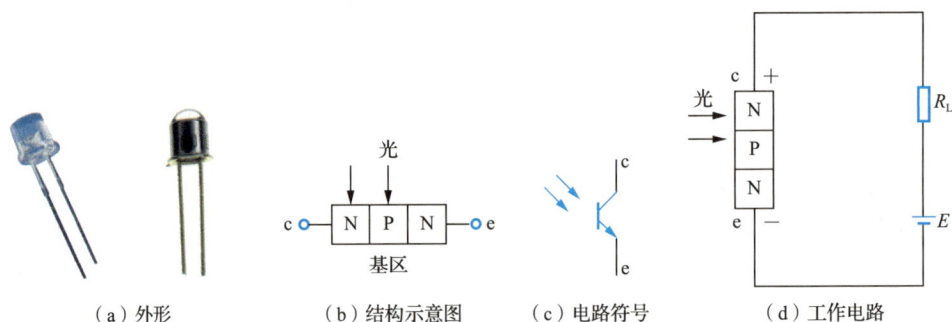

（a）外形　　　　　（b）结构示意图　　　　　（c）电路符号　　　　　（d）工作电路

图 6-27　光电晶体管

为了增加光照，基区面积做得很大，发射区面积较小，入射光主要被基区吸收。工作时，集电结处于反向偏置状态，而发射结处于正向偏置状态。光电晶体管可以看作是普通晶体管的集电结用光电二极管替代的版本。

光电晶体管电路符号和工作电路如图 6-27（c）、（d）所示。当无光照时，集电结反向偏置，暗电流相当于普通晶体管的穿透电流；当有光照射集电极附近的基区时，会激发出新的电子-空穴对，并经过放大形成光电流。光电晶体管利用类似普通晶体管的放大作用，将光电二极管的光电流放大了（$1+\beta$）倍，所以它比光电二极管具有更高的灵敏度。

6.2.1.4　光电式传感器的类型

光电式传感器的类型繁多，按不同的分类方法可以分为不同的类型。按输出信号的不同，可以分为数字式和模拟式；按所用光电元件的工作原理不同，可以分为外光电效应型和内光电效应型；按光传输方式的不同，可以分为直射型（也称透射型）和反射型；按被测物的特性不同，可以分为被测物发光型、被测物透光型、被测物反光型和被测物遮光型。下面重点介绍这 4 种类型的光电式传感器。

（1）被测物发光型光电式传感器

在这种类型的传感器中，被测物本身就是光辐射源，所发射的光直接射向光敏元件，也可经过一定光路后作用到光敏元件上。光敏元件将感受到的光信号转换为相应的电信号，其输出反映了光源的某些物理参数。此类传感器主要用于光电比色计、光照度计中。

（2）被测物透光型光电式传感器

在这种类型的传感器中，被测物体置于光源和光敏元件之间，恒光源发出的光穿过被测物，部分光被吸收后透射到光敏元件上。透射光的强度取决于被测物对光的吸收程度。被测物透明，吸收光就少；被测物浑浊，吸收光就多。此类传感器常用于测量液体和气体的透明度、浑浊度，以及光电比色计中等。

（3）被测物反光型光电式传感器

在这种类型的传感器中，恒光源与光敏元件位于同一侧，恒光源发出的光照射到被测物上，再从被测物体表面反射后投射到光敏元件上。反射光的强度取决于被测物体表面的性质、状态及其与光源间的距离。此类传感器可用于测试物体表面粗糙度、纸张白度或用作位移测试仪等。

（4）被测物遮光型光电式传感器

在这种类型的传感器中，被测物体置于光源和光敏元件之间，恒光源发出的光经过被测物时，会被遮挡一部分，从而使投射到光敏元件上的光信号发生变化。其变化程度与被测物的尺寸及其在光路中的位置有关。此类传感器可用于测量物体的尺寸、位置、振动、位移等。

6.2.1.5 光电式传感器的应用

1. 光电开关

红外光电开关是用来检测物体的靠近、通过等状态的光电式传感器，也称红外传感器，简称光电开关，外形如图 6-28 所示。

微课：光电式传感器的应用

图 6-28 光电开关外形

红外光电开关由红外发射元件和光敏接收元件组成。发射元件一般采用功率较大的红外发光二极管,接收元件一般采用光电晶体管。为了防止干扰,可以在光敏元件表面加红外线滤光透镜。

光电开关的原理如下:发射器发出特定的光束,被物体阻断或部分反射,接收器据此做出判断和反应。接收到光线时,光电开关有输出称为"亮动";当光线被阻断或低于一定数值时,光电开关有输出称为"暗动"。

光电开关分为透射型和反射型,如图 6-29 所示。透射型光电开关的发光二极管和光电晶体管相对安放,轴线严格对准。当有不透明物体在两者之间通过时,红外光束会被阻断,光电晶体管因接收不到红外线而产生一个电脉冲信号,如图 6-29(a)所示,自动扶梯自动起停采用的就是透射型光电开关,如图 6-30 所示。

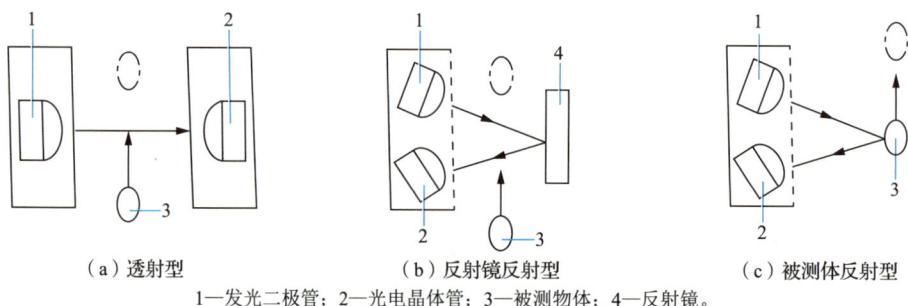

（a）透射型　　　　　　（b）反射镜反射型　　　　　　（c）被测体反射型

1—发光二极管；2—光电晶体管；3—被测物体；4—反射镜。

图 6-29　光电开关的类型

图 6-30　自动扶梯自动起停

反射型光电开关又分为反射镜反射型和被测体反射型。反射镜反射型传感器单侧安装,需要调整反射镜的角度以获得最佳反射效果。当有物体通过时,红外光束被阻断,光电晶体管接收不到红外光束而产生一个电脉冲信号,如图 6-29(b)所示。车辆自动管理采用的光电开关就属于反射镜反射型,如图 6-31 所示。被测体反射型安装较为方便,发光二极管和光电晶体管光轴在同一平面上,以某一角度相交,交点处为待测点。当有物体经过待测点时,发光二极管的红外线经被测体上的标记反射后,被光电晶体管接收,从而产生电脉冲信号,如图 6-29(c)所示。自动注料采用的光电开关就属于被测体反射型,如图 6-32所示。

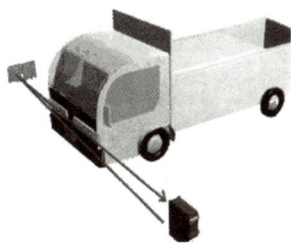

图 6-31　车辆自动管理

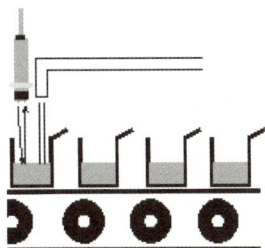

图 6-32　自动注料

2. 光电转速计

光电转速计有反射式和直射式两种。图 6-33 是一种直射式光电转速计的工作原理图。

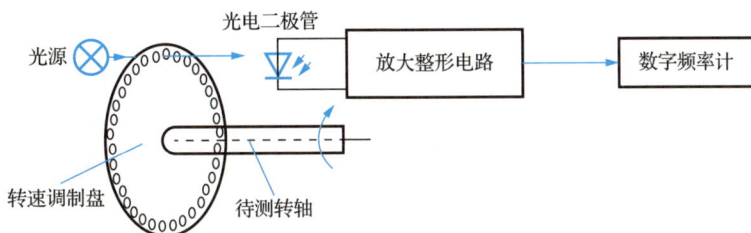

图 6-33　直射式光电转速计的工作原理图

在光电转速计中，待测转轴上固定有一个带孔的转速调制盘，调制盘的一边由光源产生的恒定光通过调制盘上的小孔到达光敏元件。当转轴转动时，光敏元件会周期性地接收到光信号，并将其转换为相应的电脉冲信号。经过放大和整形后，信号被输出到数字频率计计数，并通过显示电路进行显示。若调制盘上的孔数为 Z 个，被测转轴的转速为 n 转每分钟（r/min），数字频率计测得的频率（即 1 秒电脉冲的个数）为 f，则有

$$n = \frac{60f}{Z} \tag{6-2}$$

6.2.2　任务实施：数字电动机转速表电路的组装与调试

数字电动机转速表采用 CD40110 和 CD40106 集成电路来实现其功能，其中，CD40110 是专用的加减计数、译码、驱动和锁存芯片，可以实现十进制加 1、十进制减 1，将计数值译成十进制的 LED 显示码，并驱动 LED 显示器。CD40110 内部的计数器和显示驱动是分开的，并且计数器具有独立的加减输入端（+-IN）和进（借）位输出端（+-OUT）。这里只用到加计数功能，因此减输入端（-IN）对地短路，减借位输出端（-OUT）留空。

6.2.2.1　实训器材

本工作任务是进行数字电动机转速表电路的组装与调试，所用实训器材清单如表 6-5 所示。

表 6-5 组装与调试数字电动机转速表电路所用实训器材清单

工具	电烙铁、螺钉旋具、镊子
仪表及设备	数字万用表、电源
器材	数字电动机转速表套件、焊锡丝、导线

6.2.2.2 电路组装与调试

1. 元器件清单

数字电动机转速表电路包括电阻、集成电路、电容等，具体如表 6-6 所示。

表 6-6 数字电动机转速表电路元器件清单

名称	数量	名称	数量
CD40110 集成电路	3	8050 晶体管	1
CD40106 集成电路	1	104 瓷片电容	4
立式槽形光电耦合器	1	2.2μF 电解电容	1
1kΩ 电阻	24	220μF 电解电容	1
10kΩ 电阻	5	2P 接线端子	1
0.56 寸，共阴极数码管	3	带转盘直流电动机	1
10kΩ 可调电阻	1	1.6×4 螺钉	2
1MΩ 可调电阻	1	M3×6 螺钉	2
ϕ3mm 红色 LED	1	M3 螺母	2

2. 电路原理图

数字电动机转速表电路原理图如图 6-34 所示。

3. 安装与调试

对照电路板及元器件清单核对并检查所有元器件后，按照从小到大的顺序安装，并注意有极性元件的安装方向。先对照 PCB 丝印安装电阻，然后焊接 IC、瓷片电容、晶体管、发光二极管、电位器、插针及转速检测器，最后焊接数码管和电解电容。

电路工作电压为 3~12V，推荐工作电压为 5~6V。a、b、c、d、e、f、g 为 7 段 LED 数码管的驱动输出端，输出端不得短路。在连接数码管时，需要接限流电阻。限流电阻的电阻值一般为 200~2000Ω，电源电压较高时，限流电阻可适当增大；如果采用高亮度 LED 数码管，限流电阻也应适当增大；只有在电源电压较低、采用普通 LED 数码管或大尺寸的数码管时，限流电阻才可适当减小。

$\overline{\text{TE}}$ 脚为计数器低电平允许脚，该脚接地时为低电平，表示计数器始终处于计数状态。RESET 脚为计数器清零脚。LE 脚为显示锁存脚，当该脚为低电平时，显示输出正常；当该脚为高电平时，显示的数字将固定不变。

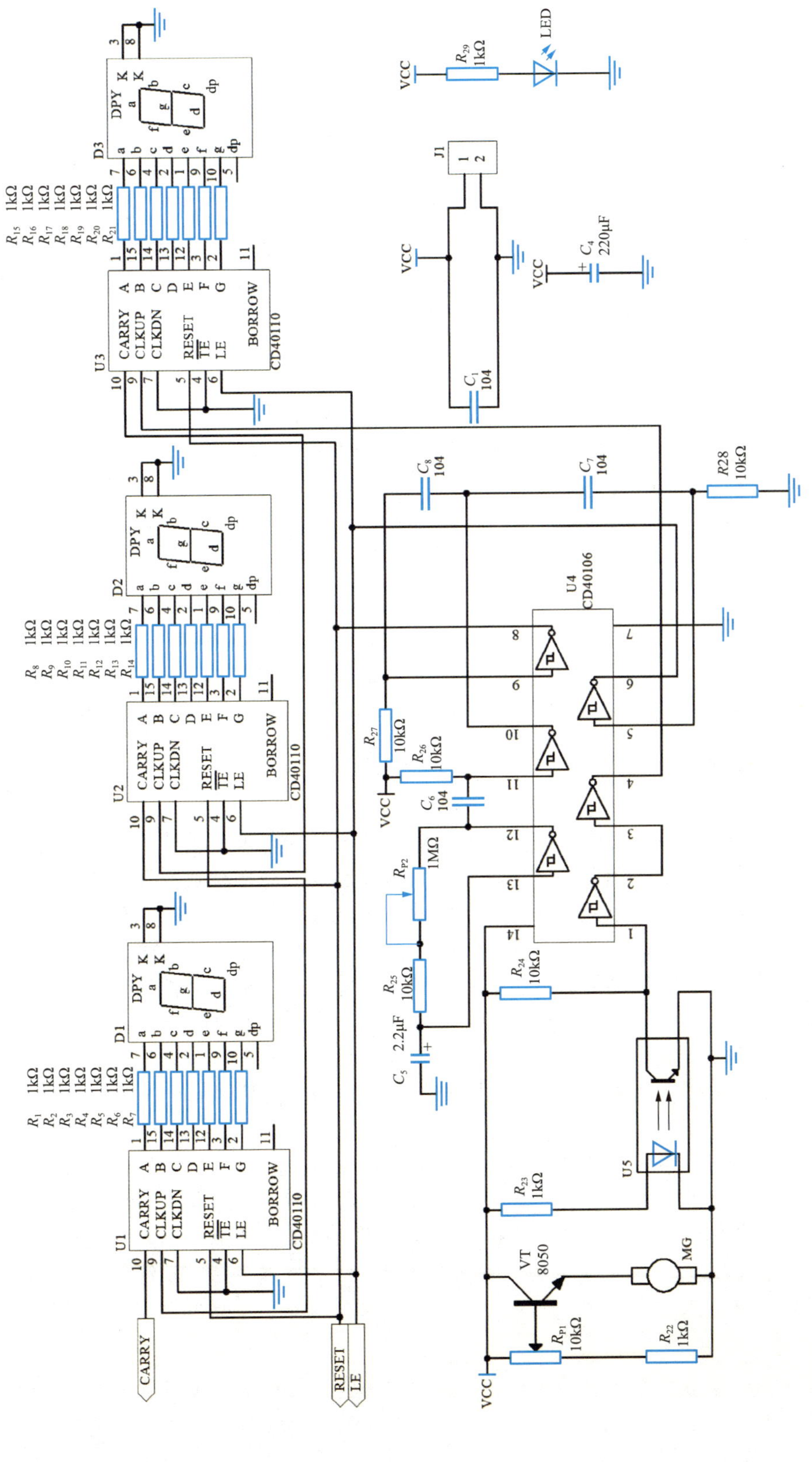

图 6-34　数字电动机转速表电路原理图

6.2.3   学习评价

本工作任务学习成果评价表如表 6-7 所示。

表 6-7   学习成果评价表

序号	考核内容	分值	评分要素	自评	互评	师评
1	小组准备	10	小组分工明确，能够对学习任务内容及实施步骤进行精心准备			
2	知识运用	30	对知识的理解到位，并能熟练、准确地运用所学知识完成实践任务			
3	成果展示与任务报告	20	成果展示内容丰富、语言规范，实践活动报告结构完整、观点正确			
4	学习态度与课堂纪律	15	学习积极主动、态度认真，遵守教学秩序			
5	自主学习与动手能力	10	具有探究精神、自学意识和较强的动手能力，善于发现问题			
6	团队配合	15	团队意识强，小组成员配合默契，问题解决及时			

综合评价：

教师或导师签字：

知识拓展

光电编码器是一种通过光电转换将输出轴上的机械几何位移量转换为脉冲或数字量的传感器。光电编码器由光源、光栅盘和光敏元件组成。光栅盘是一个圆板，上面均匀开有若干个长方形孔。由于光栅盘与电动机同轴，电动机旋转时，光栅盘与电动机同速旋转。发光二极管发出的光通过光栅盘上的孔照射到光敏元件上，使光敏元件输出脉冲信号。通过计算每秒光电编码器输出的脉冲数，就能得出当前电动机的转速。此外，为了判断旋转方向，光栅盘还可以提供相位相差为 90° 的两路脉冲信号。

根据检测原理，编码器可分为光学式、磁式、感应式和电容式三种。根据刻度方法及信号输出形式，编码器可分为增量式、绝对式和混合式三种。

1. 增量式编码器

增量式编码器利用光电转换原理输出三组方波脉冲：A 相、B 相和 Z 相。A 相和 B 相脉冲具有 90° 的相位差，因此可以方便地判断出旋转方向。Z 相在每转一圈时输出一个脉冲，用于基准点定位。增量式编码器的优点是原理构造简单、机械平均寿命长（可在几万小时以上）、抗干扰能力强、可靠性高，适合于长距离传输。其缺点是无法输出轴转动的绝对位置信息。

2. 绝对式编码器

绝对式编码器直接输出数字量信号。其圆形码盘上沿径向分布有若干同心码道，每条码道由透光和不透光的扇形区相间组成，相邻码道的扇区数目是双倍关系，码盘上的码道数就是它的二进制数码的位数。码盘的一侧是光源，另一侧设置有对应的光敏元件。当码盘处于不同位置时，各光敏元件根据受光照与否转换为相应的电平信号，形成二进制数。其原理图如图 6-35 所示。这种编码器的特点是不需要计数器，在转轴的任意位置都可读出一个固定的、与位置相对应的数字码。显然，码道越多，分辨率就越高。对于一个具有 N 位二进制分辨率的编码器，其码盘必须有 N 条码道。

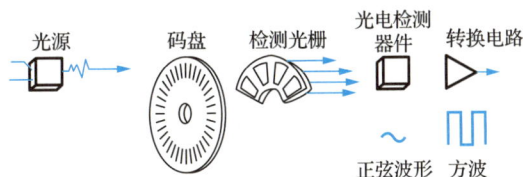

光源　　　码盘　　检测光栅　　光电检测器件　转换电路

正弦波形　方波

图 6-35　绝对式编码器的原理图

绝对式编码器基于自然二进制或循环二进制（格雷码）的方式进行光电转换。与增量式编码器不同，绝对式编码器在圆盘上采用透光和不透光的线条图形，具有若干编码选择，可通过读取码盘上的编码来检测绝对位置。编码的设计可采用二进制码、循环码、二进制补码等。

绝对式编码器的特点如下：可以直接读出角度坐标的绝对值；没有累积误差；电源切断后位置信息不会丢失。但是，分辨率是由二进制的位数决定的，即准确度取决于位数，常见的有 10 位、14 位等多种。

3. 混合式绝对值编码器

混合式绝对值编码器输出两组信息：一组信息用于检测磁极位置，带有绝对信息功能；另一组则与增量式编码器的输出信息完全相同。

学 习 小 结

工作任务 6.1 主要介绍了霍尔式传感器及其应用。

霍尔式传感器又称霍尔元件，它是基于霍尔效应制成的。霍尔效应是当通电的半导体薄片上，加上垂直于薄片表面的磁场 B 时，薄片的横向两侧会产生霍尔电动势的现象。

霍尔式传感器按照输出信号的形式不同，可以分为霍尔线性器件和霍尔开关器件。集成霍尔线性器件具有准确度高、线性度好等优点；集成霍尔开关器件具有无触点、无磨损、输出波形清晰、无抖动、无回跳、位置重复准确度高等优点。

霍尔式传感器的应用介绍了霍尔转速表、霍尔流量计和测量磁场。

工作任务 6.2 主要介绍了光电式传感器及其应用。

光电式传感器是基于光电效应将光信号转换为电信号的传感器。它首先检测光信号的变化，然后借助光敏元件将光信号的变化转换为电信号，最后将电信号输出到处理器中进行进一步处理。

光电效应通常可分为外光电效应和内光电效应两种。基于外光电效应的光电元件有光电管和光电倍增管等。基于内光电效应的光电元件有光敏电阻、光电二极管、光电晶体管和光电池等。光电二极管工作在反向偏置状态，光电晶体管的灵敏度高于光电二极管。

光电式传感器的类型繁多，按被测物的特性不同，可分为被测物发光型、被测物透光型、被测物反光型和被测物遮光型。红外光电开关是常见的一类光电式传感器，由红外发射元件和光敏接收元件组成。发射元件一般采用功率较大的红外发光二极管，接收元件一般采用光电晶体管。光电转速计是光电晶体管的一个典型应用。

———————————— 直 击 工 考 ————————————

一、填空题

1. 霍尔效应是指当通电的半导体薄片上，加上垂直于薄片表面的磁场 B 时，薄片的横向两侧会产生一个_____的现象。

2. 霍尔电动势的计算公式是_____。

3. 霍尔式传感器是基于_____效应工作的传感元件，该效应产生的电动势与通过的控制电流及垂直于霍尔元件的_____有关。

4. 按照输出信号的不同，霍尔传感器可以分为_____器件和_____器件。

5. 光电效应可分为_____和_____两种。

6. 光电式转速计有_____和_____两种。

7. 光电二极管在正常电路中通常处于_____状态。

8. 光电式传感器是基于_____效应将光信号转换为_____的传感器，其核心部件是_____元件。

二、简答题

1. 什么是霍尔效应？
2. 试述霍尔式传感器主要有哪些应用。
3. 简述利用霍尔式传感器测量磁场的原理。
4. 简述红外光电开关的组成及主要类型。
5. 光电式传感器按被测物的特性不同可分为哪四种类型？
6. 简述光电转速计的工作原理。

参 考 答 案

课 程 准 备

一、填空题

1. 非电信号（或被测量）；电信号（或可用输出信号）；敏感元件；转换元件；测量
2. 物理量；化学量；生物量；数字（开关）；模拟
3. 测量结果；数值；（相应的）单位
4. 系统误差；随机误差；粗大误差
5. 2/3～3/4

二、选择题

1. B　2. C

三、判断题

1. ×　2. √

四、简答题

1. 传感器是一种能感受被测量并按照一定的规律将其转换成可用输出信号的器件或装置，通常由敏感元件和转换元件组成。

2. 传感器的基本特性通常包括静态特性和动态特性。描述传感器静态特性的性能指标包括线性度、灵敏度、迟滞和重复性等。表征传感器动态特性的主要参数包括响应速度和频率响应等。

3. 测量是为了获得被测量的值而进行的一系列操作，是将被测量与相同性质的标准量进行比较，确定被测量对于标准量倍数的过程。

4. 测量方法根据测量的手段分类，可分为直接测量和间接测量；根据被测量是否随时间变化，可分为静态测量和动态测量；根据测量时是否与被测对象接触，可分为接触式测量和非接触式测量。

五、计算题

1. 绝对误差为-0.5kΩ，实际相对误差为-2.5%，示值相对误差约为-2.6%。
2. 绝对误差为-0.1A，实际相对误差为-1.25%，满度相对误差为-1%，此电流表的精度为 1.0 级。

工作领域 1

一、填空题

1. 弹性元件（敏感元件）；电阻应变片
2. 敏感栅；绝缘基底；覆盖层；引出线
3. 金属；半导体；康铜
4. 惠斯通电桥；开尔文电桥；全桥；全桥
5. 正压电效应
6. 压电
7. 电容
8. 加速度；动态力

二、简答题

1. 当导体或半导体在外力作用下产生机械形变时，其电阻值也会发生相应变化。这种现象称为电阻应变效应。

2. 金属丝式电阻应变片的结构简单、强度高，但允许通过的电流较小，测量准确度较低；而金属箔式电阻应变片的表面积大、易散热，允许通过较大的电流，灵敏度较高，抗疲劳性好，使用寿命长，故金属箔式电阻应变片比金属丝式电阻应变片更具优越性。

3. 商用电子秤中的传感器主要由悬臂梁和粘贴在悬臂梁上的电阻应变片构成。悬臂梁一端固定在底座上，一端悬空，托盘紧固在悬臂梁自由端上，在悬臂梁的上下两侧分别贴有两片电阻应变片。当被测物放置在电子秤托盘上时，悬臂梁因受到压力向下弯曲，导致粘贴在悬臂梁的上下两侧的电阻应变片产生相反的应变。上侧电阻应变片被拉伸，电阻增大；下侧电阻应变片被压缩，电阻减小。将 4 片电阻应变片正确接入电桥测量电路，可构成全桥电路。全桥电路将电阻应变片电阻值的变化转换为电压输出，由输出电压的大小反映被称物体的质量。

4. 筒式压力传感器的一端为不通孔（盲孔），另一端与被测系统连接。电阻应变片粘贴在筒的外部弹性元件上，工作应变片"1"粘贴在筒的空心部分，温度补偿片"2"粘贴在筒的实心部分。工作时筒式压力传感器的空心部分受到外界压力的作用，导致筒体内部发生变形。这会使粘贴在筒体上的工作应变片产生变形，进而改变其电阻值，使原本由工作应变片和温度补偿片构成的电桥失去平衡，输出电压发生改变。与此同时，由于温度补偿片粘贴在实心部分，没有发生变形，因此有效地补偿了温度对传感器的影响。

5. 自然界中具有压电效应的材料有石英晶体（单晶体）、经过极化处理的压电陶瓷（多晶体）和高分子压电材料。

6. MPX4115 压力传感器具有集成度高、质量小、测量准确、响应速度快等优点。

7. 压电式传感器的等效电路如下图：

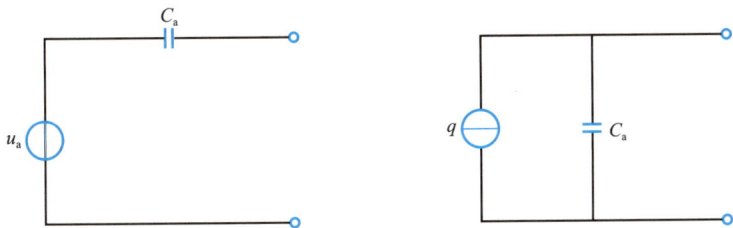

工作领域 2

一、填空题

1. 热电偶丝材；绝缘管；保护管；接线盒
2. 两个热电极材料不同；冷端和热端之间存在温度差
3. 串联；并联
4. 高；宽
5. 减小
6. 额定电阻值（标称阻值）

二、判断题

1. √ 2. × 3. √ 4. × 5. √

三、简答题

1. 两种不同材料的导体两端分别连接，形成一个闭合回路，当两个接合点的温度不同时，在回路中就会产生电动势。这种现象称为热电效应。

2. 利用热电效应，只要知道其中一端的结点温度，并测出热电偶产生的热电势，就可以得出另一端的结点的温度。

3. 正温度系数热敏电阻的电阻值随着温度的升高而增大；负温度系数热敏电阻的电阻值随着温度的升高而减小；临界温度系数热敏电阻的电阻值具有负电阻突变特性，在达到某一温度后，电阻值随温度的增加而急剧减小。

工作领域 3

一、填空题

1. 可闻；次；超
2. 横波；纵波；表面波

3．逆压电；电；机械；正压电；机械；电

4．340；$Ct/2$

5．转速；厚度；表面裂纹

6．检测电桥

7．电涡流效应

二、简答题

1．超声波的传播特性主要包括束射特性、吸收特性和能量传递特性。

2．压电式超声波发射器，主要由外壳、金属丝网罩、锥形共振盘、压电晶片和引线端子等部分组成。压电式超声波接收器除了外壳、金属丝网罩、锥形共振盘、压电晶片、引线端子等部分，还有阻抗匹配器。

3．高频反射式电涡流传感器由传感器线圈和被测导体组成。当传感器线圈通以正弦交流电 i_1 时，线圈周围空间产生交变磁场 H_1，使置于此磁场的金属导体中感应电涡流 i_2，i_2 又产生新的交变磁场 H_2。如果控制上述参数，使其中的一个参数改变，其他参数保持不变，就可以将被测量变化转换为线圈阻抗 Z 的变化，从而构成测量该参数的传感器。例如，改变线圈和导体之间的距离 x，可以做成测量位移、检测厚度的传感器；改变导体的电阻率 ρ，可以做成检测材质的传感器；改变导体的磁导率 μ，可以做成测量应力、硬度的传感器；同时改变距离 x，电阻率 ρ 和磁导率 μ，可以做成综合性材料探伤装置。

4．在旋转体飞轮上开一条槽，并在其旁边安装一个电涡流式传感器。当被测旋转轴转动时，传感器与转轴之间的距离发生周期性的变化，并输出与槽对应的脉冲信号。通过检测系统测量脉冲的数量，可以得到被测旋转轴转动的速度。

5．在被测金属板的上方安装有电涡流式传感器发射线圈，在被测金属板下方安装有电涡流式传感器接收线圈。金属板从中间通过时会产生电涡流，金属板越厚，涡流损失就越大，产生的感应电动势就越小，输出的电压就越小。检测系统可以通过分析输出的电压信号来确定被测金属板的厚度。

工作领域 4

一、填空题

1．绝对湿度；相对湿度；露点

2．湿敏元件；转换电路；湿度；电信号

3．电阻式；电容式

4．特定气体

5．半导体；非半导体

6．电阻式；非电阻式

7．烧结型；半导体陶瓷

二、简答题

1. 电阻式湿度传感器采用湿敏电阻作为湿敏元件。湿敏电阻在其基片上覆盖了一层用感湿材料制成的膜（感湿膜），当空气中的水蒸气吸附在感湿膜上时，其电阻率上升，电阻与湿度成线性关系。电阻式温度传感器利用湿敏电阻的这种特性测量湿度。

2. 电容式湿度传感器采用湿敏电容作为湿敏元件。在电容平行板的上下电极中间加一层感湿膜，即构成电容式湿度传感器。电极材料通常采用铝、金、铬等金属，而感湿膜采用半导体氧化物或高分子材料。

3. 电阻式湿度传感器的特点是响应速度快、体积小、线性度好、稳定性好、灵敏度高，但产品互换性差。它被广泛用于洗衣机、空调、录像机、微波炉等家用电器，以及工业、农业等领域的湿度检测和湿度控制。

电容式湿度传感器的特点是响应速度快、灵敏度高、产品互换性好，便于制造，容易实现小型化和集成化，但准确度较电阻式湿度传感器低。它广泛应用于气象、航空航天、国防工程、电子、纺织、烟草、粮食、医疗卫生及生物工程等领域的湿度测量和控制。

4. 气敏传感器是一种用来检测特定气体类别、成分和浓度的传感器。它能将检测到的气体（特别是可燃气体）的种类、成分、浓度等有关信息转换为电阻（或电压、电流）的变化。

5. 气敏传感器的电阻值受温度和湿度的影响。当温度和湿度较低时，气敏传感器的电阻值较大；当温度和湿度较高时，气敏传感器的电阻值较小。因此，即使气体浓度相同，电阻值也会有所不同，需要进行温度补偿。

工作领域 5

一、填空题

1. 电容量；电信号
2. 变面积型；变极距型；变介电常数型
3. 涂覆绝缘层
4. 线位移或角位移
5. 调幅式测量电路；脉冲调宽测量电路；调频式测量电路
6. 电容量
7. 差动

二、选择题

1. A　2. B　3. A　4. C

三、简答题

1. 由公式 $C = \dfrac{\varepsilon A}{d}$ 可见，在 A、d、ε 三个参数中，如果保持两个参数不变，只改变其

中一个参数，就可改变电容量 C。因此，如果被测量只让三个参数中的一个发生改变，从而使电容量发生改变，就能将被测量的变化转换为电容量 C 的变化，然后由测量电路将电容量的变化转换为电信号输出。这就是电容式传感器的基本工作原理。

2．根据工作原理，电容式传感器可分为三种基本类型：变面积型、变极距型和变介电常数型。

3．电容式传感器的测量电路大致可归纳为三类：①调幅式测量电路，常见的有桥式测量电路和运算放大器式测量电路；②脉冲调宽测量电路；③调频式测量电路。

4．电容式测厚仪可用于金属带材在轧制过程中厚度的在线检测，其工作原理如下。在被测带材的上下两端各装设一块面积相等且与带材距离相等的极板，这样两个极板分别与带材之间形成两个电容 C_1、C_2。用导线将上下两极板连接起来作为电容器的一个极板，金属带材本身作为另一个极板，则总电容为 C_1+C_2。在轧制过程中，若带材厚度发生变化，将引起电容量的变化，使用交流电桥将电容量的变化检测出来，经过放大，即可由显示仪表显示出带材厚度的变化。

5．如果盛放液体的容器为金属圆筒形，要用一根裸导线完成液位的检测需分两种情况：一是测量非导电溶液时，可以将裸导线直接插入金属容器的中央作为一个电极，金属容器作为另一个电极，而液体作为绝缘介质，由此构成电容式液位计，如图（a）所示；二是测量导电液体（如水溶液）时，可将裸导线作为一个电极，以外套绝缘套管（如聚四氟乙烯套管）作为中间介质，而将导电液体和容器作为另一个电极，使三者形成圆筒形电容器，如图（b）所示。

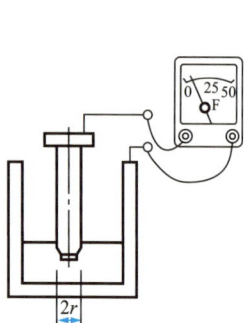

图（a）

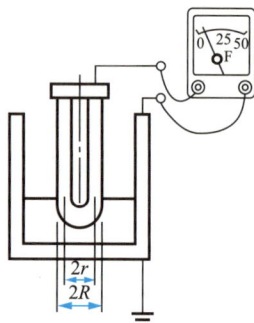

图（b）

工作领域 6

一、填空题

1．电压

2．$U_H=K_H BI$

3．霍尔；磁感应强度

4．霍尔线性；霍尔开关

5. 外光电效应；内光电效应

6. 反射式；直射式

7. 反向偏置

8. 光电；电信号；光敏

二、简答题

1. 霍尔效应是指当通电的半导体薄片上，加上垂直于薄片表面的磁场 B 时，薄片的横向两侧会产生一个电压的现象。

2. 霍尔式传感器的应用主要有以下三个方面：一是由霍尔电动势的计算公式 $U_H=K_HBI$ 可知，霍尔电动势与磁感应强度成正比，利用这个特性可以制作磁场计、方位计、电流计、角度计、速度计等；二是利用霍尔电动势与激励电流成正比的特性，可以制作回转器、隔离器及电流控制装置等；三是利用霍尔电动势与激励电流和磁感应强度乘积成正比的特性，可以制作乘法器、除法器、乘方器等。

3. 根据 $U_H=K_HBI$ 可知，霍尔电动势与激励电流和磁感应强度乘积成正比，测量出霍尔电动势、激励电流、霍尔元件灵敏系数后，即可计算相应的垂直于霍尔元件的磁感应强度。

4. 红外光电开关由红外发射元件和光敏接收元件组成。发射元件一般采用功率较大的红外发光二极管，接收元件一般采用光电晶体管。光电开关分为透射型和反射型。反射型光电开关又分为反射镜反射型和被测体反射型。

5. 光电式传感器按被测物的特性不同，可分为被测物发光型、被测物透光型、被测物反光型和被测物遮光型。

6. 在光电式转速计中，待测转轴上固定有一个带孔的转速调制盘，调制盘的一边由光源产生的恒定光通过调制盘上的小孔到达光敏元件。当转轴转动时，光敏元件会周期性地接收到光信号，并将其转换为相应的电脉冲信号。经过放大和整形后，信号被输出到数字频率计计数，并通过显示电路进行显示。若调制盘上的孔数为 Z 个，被测转轴的转速为 n r/min，数字频率计测得的频率（即 1s 电脉冲的个数）为 f，则有

$$n = \frac{60f}{Z}$$

参 考 文 献

陈晓军，2014. 传感器与检测技术项目式教程[M]. 北京：电子工业出版社.

官伦，王戈静，2013. 传感器检测技术及应用[M]. 重庆：重庆大学出版社.

何道清，张禾，谌海云，2008. 传感器与传感器技术[M]. 北京：科学出版社.

金发庆，2010. 传感器技术及其工程应用[M]. 北京：机械工业出版社.

李常峰，刘成刚，2019. 传感器技术应用[M]. 北京：电子工业出版社.

苗玲玉，2008. 传感器应用基础[M]. 北京：机械工业出版社.

彭学勤，周志文，2010. 传感器应用技能实训[M]. 北京：人民邮电出版社.

周润景，李茂泉，2020. 常用传感器技术及应用[M]. 2 版. 北京：电子工业出版社.